禹海波 陈璇 李健

编 著

博弈论与企业管理

GAME THEORY AND ENTERPRISE MANAGEMENT

社会科学文献出版社
SOCIAL SCIENCES ACADEMIC PRESS (CHINA)

本书由国家自然科学基金项目（71932002）、青年北京学者项目、北京现代制造业发展研究基地资助出版。

前　言

在现实世界中，矛盾和冲突无处不在，个人、企业或国家如何做出选择和进行科学决策，是值得深入思考和认真研究的重要问题。博弈论思想历史悠久，它在我国古代的《孙子兵法》中已经出现，对科学分析战争博弈及企业战略管理和运营管理有较大的帮助。博弈论思想最初主要用于研究象棋、麻将、赌博等的对局。例如，战国时期孙膑给齐国大将田忌出谋划策的驷马之法（田忌赛马）是赌博比赛的例子。在香港，赌马深受市民喜爱，赛马不仅是香港的一项体育运动、一个博彩产业，也是一种都市文化。

然而古人对博弈思想的把握仍局限于经验层面，没有形成理论体系，博弈论发展成为一门学科是在20世纪初期。1944年，由数学家约翰·冯·诺依曼和经济学家奥斯卡·摩根斯特恩合著的《博弈论与经济行为》（*The Theory of Games and Economic Behaviour*）一书的出版，标志着现代博弈理论的初步形成。到50年代，合作博弈论从发展到不断完善。约翰·纳什于1950年和1951年发表了几篇关于非合作博弈的重要文章，阐明了包含任意人数局中人和任意偏好的一种通用解概念，被称为纳什均衡。60年代后，莱茵哈德·泽尔腾将纳什均衡的概念引入动态分析，提出了“子博弈精炼纳什均衡”概念；约翰·海萨尼则把不完全信息引入博弈论的研究。博弈论在经济学中的大多数应用模型是在70年代中期发展起来的。从80年代开始，博弈论逐渐发展成为主流经济学的一部分。1994~2020年的27年中有8年（占比接近30%）诺贝尔经济学奖授予对博弈论有突出贡献的学者。

北京大学张维迎教授在其1996年出版的《博弈论与信息经济学》

一书中指出，博弈论是研究决策主体的行为发生直接相互作用时的决策以及这种决策的均衡问题的，也就是说，当一个主体，好比说一个人或一个企业的选择受到其他人、其他企业选择的影响，而且反过来影响其他人、其他企业选择时的决策问题和均衡问题。该书把博弈论引进中国经济学界。以上分析表明博弈论在经济领域中具有重要作用。

同时，博弈论在管理和社会领域中也有非常重要的应用。首先，在管理方面，博弈是一种决策，博弈论是决策科学，是管理决策科学中的一种理论。例如，在管理决策中运用博弈论时，要考虑复杂的影响因素及其相关关系，其中心理和意志等因素是较难用数学形式来表达的。同时，将博弈论应用到管理决策科学中，必须根据实际情况将博弈论方法和其他各种方法相结合并灵活地运用。在现实生活中，企业与企业之间，尤其是企业与其供应商之间，在很多情况下存在像囚徒困境那样损人不利己的现象。因此，需要通过实施供应链管理，借助 IT 工具，在信息对称的前提下，强化企业之间的合作等途径，最终使企业在供应链竞争中取得“双赢”。其次，在社会领域，张维迎教授 2013 年出版的《博弈与社会》把博弈论变成整个社会科学领域的方法论。该书运用博弈论的方法和结论分析了各种各样的社会问题和制度安排（包括文化）。特别关注的是人们为什么有不合作行为，什么样的制度和文化有助于促进人与人之间的合作。

博弈论在我国制造业转型升级和实现高质量发展中具有重要的应用。制造业是国民经济的主体，是立国之本。在实现碳中和目标过程中，欧盟、日本等先后开启碳中和进程，所形成的“碳关税”和“碳标签”制度成为“双碳”目标下我国对外贸易面临的挑战。在汽车行业，人们越来越致力于在电动车制造的整个生命周期中减少碳排放，从原材料采购到生产，再到使用和处置，而不是只关注驾驶时的碳排放。由于汽车制造商使用的所有零部件中大部分是从外部供应商采购的，制造商与供应商合作对整个产业链脱碳至关重要。

本书着重介绍《孙子兵法》的军事理论和现代博弈理论，并将这些理论应用到企业运营管理及国家政策制定等决策中。本书第 1 ~2 章是基础篇，其中第 1 章主要介绍《孙子兵法》中的军事思想、《孙子兵法》的继承和发展。第 2 章介绍现代博弈论的历史与发展，主要包括非合作博弈论的提出与发展、博弈论研究者获得诺贝尔经济学奖的情况等。第 3 ~10 章是理论篇，其中第 3 ~5 章分析非合作完全信息静态博弈和动态博弈理论与方法。第 6 章分析非合作不完全信息静态博弈理论与方法。第 7 章分析超模博弈理论。第 8 章分析随机需求下供应链协调与博弈。第 9 章分析行为博弈理论。第 10 章分析合作博弈理论。第 11 章是应用篇，主要内容为绿色低碳供应链博弈分析。

本书有三个主要特点。**一是在理论上**，将中国古代《孙子兵法》与现代博弈论相结合，以《孙子兵法》《孙膑兵法》的军事思想与兵法理论为主；现代博弈理论包括非合作博弈理论、合作博弈理论、超模博弈理论、供应链博弈理论等。**二是在与企业管理相关的定量研究上**，包括寡头产量竞争、寡头价格竞争、斯塔克尔伯格博弈、激励机制博弈、不完全信息下企业产量决策等方面的分析，也包括作者最新研究成果——考虑损失厌恶零售商的供应链动态博弈模型和绿色低碳供应链博弈分析等。**三是在案例研究上**，通过大量案例来说明《孙子兵法》与现代博弈论的应用价值。例如，第 1 章中有孙膑的驷马之法、围魏救赵、诱敌减灶之法，以及吴楚柏举之战、楚汉垓下之战、吴魏赤壁之战等古代著名战役共 6 个案例；第 3 ~6 章中有囚徒困境、智猪博弈、海盗分金等多个案例；附录Ⅰ中有汽车供应链低碳转型合作的四个案例；等等。

本书是北京工业大学经济与管理学院禹海波教授自 2005 年至今在给本科生讲授“博弈论”“博弈论及其在管理中的应用”以及给研究生讲授“博弈论”课程的经验积累和深入思考，掌握了从中国古代《孙子兵法》军事博弈思想到纳什均衡等的现代博弈理论，并积累了大量相关案例和实例，整理总结形成第 1 ~2 章和第 11 章的内容，并整理总结了附录Ⅰ ~Ⅲ的内容。北京工业大学经济与管理学院李健教授多年来为本科生、研究生讲授“博弈论”等相关课程，积累了丰富的理论与教学经验，总结形成了本书第 3 ~6 章的内容。本书第 7 ~10 章是北京工业大学经济与管理学院禹海波多年从事研究的经验积累，由研究生陈璇协助整理。

本书可作为广大高校管理学、经济学等专业的本科生和研究生教材，可供管理学、经济学等领域的专业教师和研究人员研究参考，同时，对制造业和服务业等行业的企业经营管理者及相关政府管理决策者具有一定的启示和帮助。本书如有不妥之处，恳请读者指正。

感谢2021年北京高校教学改革创新项目和北京工业大学研究生教学改革课程群建设项目对本书出版的支持。

禹海波

北京工业大学

2022年7月10日　于北京

目　　录

Ⅰ　基础篇

Ⅱ　理论篇

Ⅲ　应用篇

I
基础篇

第1章 《孙子兵法》与博弈论

本章介绍孙子兵法与博弈论。内容包括孙子兵法简介、《孙子兵法》中的军事思想等。

1.1 《孙子兵法》简介

1.1.1 《孙子兵法》作者及成书时间

孙武，字长卿，是春秋时齐国乐安（今山东省惠民县境内）人。[①]《史记·孙子吴起列传第五》（第六十五卷）记载：

> 孙子武者，齐人也。以兵法见于阖庐，……阖庐知孙子能用兵，卒以为将。西破强楚，入郢，北威齐晋，显名诸侯，孙子与有力焉。[②]

意思是：孙武是齐国人，带兵法见吴王阖庐。……阖庐知道孙武能领兵打仗，任他为将军。他在柏举之战率领吴国军队大败楚国军队，占领楚国都城郢（今湖北省麻城市境内），几乎覆亡楚国。从此，吴国向北威胁齐国、晋国，在诸侯当中显亲扬名，其中都有孙武的功劳。

“西破强楚，入郢”是指公元前506年吴楚军队柏举之战，吴军战胜楚军进入楚国都城郢。“北威齐晋，显名诸侯”是指公元前482年黄

---

① 吴九龙主编．孙子校释［M］．北京：军事科学出版社，1996.

② （汉）司马迁．史记［M］．北京：中华书局，1959：2161－2162.

池会盟，吴国取代晋国的霸主地位。从这些信息来看，孙武出生于春秋末期，而《孙子兵法》应当成书于这个时期。[①]

1.1.2 《孙子兵法》出处

《孙子兵法》流传至今，重要的版本可分为两个系统：一是传本，以《十一家注孙子》和《武经七书》本《孙子》为代表；二是简册文书，以银雀山出土的汉简为代表。1972 年，《孙子兵法》和《孙膑兵法》等竹简在山东临沂银雀山发掘的西汉墓葬中被发现。银雀山汉墓这一考古成果 2001 年被列为“中国 20 世纪 100 项考古大发现”之一，于 2021 年入选“百年百大考古发现”[②]，《孙子兵法》竹简于 2013 年入选中国九大“镇国之宝”。

银雀山《孙子兵法》与《孙膑兵法》汉简的同墓出土，证明孙武在吴国担任将军，而孙膑在齐国担任军师，他们各自都写有兵书，从而证实了司马迁《史记》对孙武和孙膑的记载。

吴九龙长期深入地从事孙子研究，他与孙子学研究专家杨炳安、吴如嵩、穆志超、黄朴民等合作，1990 年在军事科学出版社出版《孙子校释》（第 1 版）。该书以中华书局 1961 年出版的影印本《十一家注孙子》为底本，主要参考《武经七书》本《孙子》和汉简本《孙子兵法》。[③] 本书主要参考该书 1996 年版本。

《孙子校释》对《十一家注孙子》文本等进行了精细校勘，又有详细校记、简要注释，并附有现代汉语和英、法、俄、日、意五种文字的译文，因而是一部精校精注精译、颇便于世界各国读者使用的力作。

1.1.3 《孙子兵法》中的经典名句

《孙子兵法》中有许多经典名句，下面给出了其中 16 句著名的语

---

① 吴九龙主编．孙子校释［M］．北京：军事科学出版社，1996.

② 纪洲丽．银雀山汉简，镇国瑰宝［J］．走向世界，2021，(49)：34－37.

③ 吴九龙主编．孙子校释［M］．北京：军事科学出版社，1996.

句，同时给出了其现代文译文，希望有助于读者对《孙子兵法》的学习，进而掌握《孙子兵法》在管理等方面的应用。

（1）“兵者，国之大事也。死生之地，存亡之道，不可不察也。”（《孙子兵法·计篇》）①

意思是：战争是国家的大事，它关系到军民的生死、国家的存亡，是不可以不认真考察研究的。

（2）“兵者，诡道也。”“攻其无备，出其不意。”（《孙子兵法·计篇》）

意思是：用兵打仗应以诡诈为原则。要在敌人没有防备的地方发动攻击，在敌人意料不到时采取行动。

（3）“百战百胜，非善之善者也；不战而屈人之兵，善之善者也。”（《孙子兵法·谋攻篇》）

意思是：百战百胜，还不算是高明中最高明的；不经交战而能使敌人屈服，才算是高明中最高明的。

（4）“上兵伐谋，其次伐交，其次伐兵，其下攻城。”（《孙子兵法·谋攻篇》）

意思是：上策是挫败敌人的战略方针，其次是挫败敌人的外交，再次是打败敌人的军队，下策是攻打敌人的城池。

（5）“知彼知己，百战不殆；不知彼而知己，一胜一负；不知彼不知己，每战必殆。”（《孙子兵法·谋攻篇》）

意思是：既了解敌人，又了解自己，百战都不会失败；不了解敌人但了解自己，或者胜利，或者失败；既不了解敌人，也不了解自己，那么每次用兵都会失败。

（6）“用兵之法，十则围之，五则攻之，倍则分之，敌则能战之，少则能逃之，不若则能避之。”（《孙子兵法·谋攻篇》）

意思是：用兵的原则是，有十倍于敌人的兵力就包围敌人，有五倍于敌人的兵力就进攻敌人，有两倍于敌人的兵力就努力战胜敌人，

---

① 吴九龙主编．孙子校释［M］．北京：军事科学出版社，1996．本书所引用的《孙子兵法》原文均出自该书。

有与敌人相等的兵力就要设法分散敌人，兵力少于敌人就要坚壁自守，实力弱于敌人就要避免作战。

（7）“上下同欲者胜。”（《孙子兵法·谋攻篇》）

意思是：全军上下意愿一致的，就能够取得胜利。

（8）“兵贵胜，不贵久。”（《孙子兵法·作战篇》）

意思是：用兵贵在速战速决，而不宜旷日持久。

（9）“胜兵先胜而后求战，败兵先战而后求胜。”（《孙子兵法·形篇》）

意思是：胜利的军队先有胜利的把握，而后才寻求与敌人交战；失败的军队往往是冒险同敌人交战，而后侥幸取胜。

（10）“善出奇者，无穷如天地；不竭如江河。”（《孙子兵法·势篇》）

意思是：善于出奇制胜的将帅，其战法就像天地那样不可穷尽，像江河那样不会枯竭。

（11）“善战者，致人而不致于人。”（《孙子兵法·虚实篇》）

意思是：善于指挥作战的人，能调动敌人而不被敌人调动。

（12）“围师必阙，穷寇勿迫。”（《孙子兵法·军争篇》）

意思是：包围敌人要虚留缺口，敌军已到绝境不要过分逼迫。

（13）“避其锐气，击其惰归。”（《孙子兵法·军争篇》）

意思是：要避开敌军初来时的锐气，等待敌人士气衰竭时再去攻击。

（14）“故合之以文，齐之以武，是谓必取。”（《孙子兵法·行军篇》）

意思是：要用怀柔宽仁使他们思想统一，用军纪军法的手段使他们整齐一致，这样就必能取得部下的敬畏和拥戴。

（15）“帅与之期，如登高而去其梯。”（《孙子兵法·九地篇》）

意思是：主帅赋予部属任务，断其归路，就像登高而抽去梯子一样。

（16）“投之亡地然后存，陷之死地然后生。”（《孙子兵法·九地篇》）

意思是：陷士卒于死地，才能转死为生；军队陷入危险境地，然后才能夺取胜利。

1.2 《孙子兵法》中的军事思想

1.2.1 《孙子兵法》中的军事思想及现代价值

《孙子兵法》中最主要的军事思想体现在两方面。

1. “全胜”思想

《孙子兵法·谋攻篇》中的“上兵伐谋，其次伐交，其次伐兵，其下攻城”，“百战百胜，非善之善者也；不战而屈人之兵，善之善者也”。主要讲了两个字：一个是“全”，一个是“破”。“全”是不战而胜，“破”是交战而胜。“全胜”为上，“破胜”次之。实现“全胜”的方法是“上兵伐谋”“其次伐交”；实现“破胜”的方法是“其次伐兵”“其下攻城”。“伐谋”就是“挫败敌人的战略企图”，也就是说，在敌人的战略企图还没有付诸实施之前就揭露它、破坏它，使之夭折，使之破产。这是一种最省力、最省事、最高明的斗争方法。①

2. “形势”“奇正”“虚实”的战术思想

首先，从作战指挥角度看，“形势”是指军事力量的积聚，“奇正”是指军事力量的使用，“虚实”是指军事力量选择的打击目标。这三者是相辅相成的。一支军队由士气、兵器构成其军事力量，即“形势”；正确地指挥军队并使其灵活地变换战术，这就是“奇正”；根据敌情我情，巧妙地选择军队的最佳作战方向，这就是“虚实”。孙子说“以正合、以奇胜”，意思是：用正兵当敌，用奇兵取胜。还有一层意思，“正合”是用常法布局，用奇法胜敌。其次，从作战角度看，“形势”“奇正”“虚实”这三者，最重要的是“虚实”。因为“虚实”是最终要实现“攻其无备，出其不意”的，敌人“无备”是虚，敌人“不意”也是虚。“无备”和“不意”都是指敌人的关节点。孙膑指挥的“围魏救赵”成功地体现了这些原则。庞涓率魏军从都城大梁（战

---

① 吴如嵩.《孙子兵法》的军事思想及现代价值［N］. 光明日报，2007 年 1 月 19 日.

国时魏国都城，今河南省开封市西北）北攻赵国都城邯郸，赵国向齐国求救。按照通常的思维，救赵的齐军与赵军联手内外夹击魏军于邯郸城下。但孙膑运用《孙子兵法》中避实击虚、“攻其必救”的原则，在魏军精锐部队归途中的有利地形设伏，打败魏军。孙膑形象地称之为“批亢捣虚”，“亢”是咽喉，“批亢”就是打击敌人的咽喉，打击敌人既是要害又很虚弱之处。对于孙膑指挥的齐魏桂陵之战，毛泽东予以高度评价，曾写下这样的批语：“攻魏救赵，因败魏军，千古高手。”① 最后，“合文齐武”是孙子治军思想的主线。“合之以文，齐之以武”是孙子提出的一个巨大的思维框架。“文”“武”两手包含恩威并用、信赏明罚等诸多以法治军原则。孙武认为一个优秀的将帅要具备“智、信、仁、勇、严”的为将标准，练就“静以幽，正以治”的德才修养，具有“视卒如婴儿”“视卒如爱子”的爱兵情怀。孙子关于将帅的要求对于当今治军和管理也是科学的真理，极富指导意义。②

1.2.2 《孙子兵法》中的心理战

《孙子兵法》是世界上最早阐述“心理战”的著作，也是心理战的奠基之作。其中有许多关于心理战术的精妙论述，以下举例分析。

1. “上下同欲者胜。”（《孙子兵法·谋攻篇》）

这是关于治军问题的军事心理观点，意思是：国君、统帅与广大民众、士卒上下一心，同仇敌忾，就一定能战胜敌人。

2. “兵者，诡道也。故能而示之不能，用而示之不用。”（《孙子兵法·计篇》）

意思是：用兵打仗应以诡诈为原则。因此要做到：能打装作不能打，要打装作不要打。也就是不让敌人知道你真正的作战意图，以此来战胜对手。例如，孙膑装疯卖傻和庞涓之死都是《孙子兵法》“诡道”的具体运用。其中孙膑装傻是因为庞涓妒忌孙膑才能，陷害和

---

① 中共中央文献研究室编．毛泽东读文史古籍批语集［M］．北京：中央文献出版社，1993：66.

② 吴如嵩．《孙子兵法》的军事思想及现代价值［N］．光明日报，2007年1月19日．

迫害孙膑。孙膑为了摆脱困境一度装疯卖傻，直到庞涓放松警惕后才借机逃到齐国。而庞涓之死，是因为孙膑抓住了庞涓自大狂妄的弱点，设计了“增兵减灶”的计策，在魏国马陵打败了庞涓，逼得庞涓自杀。

3. “利而诱之，乱而取之”。（《孙子兵法·计篇》）

意思是：敌人贪利，就以小利引诱它，敌人混乱，就乘机攻取它。这是《孙子兵法》关于掌握他人心理的策略。例如，《史记·三十世家·陈丞相世家》记载了陈平为刘邦出离间计，离间项羽与亚父范增的君臣关系，使项羽失去了范增的帮助，刘邦成功脱困。

4. “攻其无备，出其不意。”（《孙子兵法·计篇》）

意思是：要在敌人没有防备的地方发动攻击，在敌人意料不到时采取行动。这主要是针对敌方惯性思维的心理而采取“突袭”策略。例如，孙膑“围魏救赵”，就是利用了先攻击敌方弱点即魏国国都的方式，并在庞涓回救途中，出其不意设伏击败庞涓。

5. “兵贵胜，不贵久。”（《孙子兵法·作战篇》）

这是孙武提出的速战速决的心理战策略。他指出，用兵打仗需要动用大量的人力、物力、财力，长期作战不仅会使军队的锐气受挫，而且会使一个国家的实力枯竭。因此，用兵打仗贵在想方设法迅速夺取胜利，而不宜进行旷日持久的拼杀。

6. “投之亡地然后存，陷之死地然后生。”（《孙子兵法·九地篇》）

意思是：陷士卒于死地，才能转死为生；军队陷入危险境地，然后才能夺取胜利。这是将军使士兵勇敢作战的心理策略。例如，韩信“背水一战”就是一个这样的心理战案例。据司马迁《史记·淮阴侯列传》记载，公元前 204 年，韩信和张耳率领数万没有经过严格训练的汉军向太行的井陉口攻击，他们要从这里到赵国的腹地与赵军作战。韩信采用扬旗擂鼓、拔帜易帜与背水阵相结合的方式，大败赵军，俘虏了赵王歇。[①]

① 苏木禄．孙子兵法心理掌控术［M］．北京：中国华侨出版社，2010.

1.3 《孙子兵法》的继承与发展

本节介绍《孙膑兵法》及其军事思想，它是对《孙子兵法》的继承与发展。

1.3.1 《孙膑兵法》及其军事思想

1.《孙膑兵法》与作者简介

《孙膑兵法》又名《齐孙子》，作者为战国时期齐国军事家孙膑。《汉书·陈汤传》曾引用《孙膑兵法》中的“客倍而主人半，然后敌”，这说明西汉时《孙膑兵法》已经在流行。但因历史上的种种经因，东汉以后《孙膑兵法》便失传了。1972年，已经失传了1700多年的《孙子兵法》及《孙膑兵法》和其他先秦兵书同时在山东临沂银雀山汉墓中被发现，解决了历史上“否定两个孙子和两部兵法同时存在”这一悬案。①

孙膑的传记，主要源于《史记·孙子吴起列传第五》（第六十五卷）的记载：

> 孙武既死，后百余岁有孙膑。膑生阿鄄之间，膑亦孙武之后世子孙也。孙膑尝与庞涓俱学兵法。……孙膑以此名显天下，世传其兵法。②

传记的意思是，孙武死后，过了一百多年孙膑出现。孙膑出生在阿、鄄一带（今山东省阳谷县、鄄城一带），是孙武后世的子孙。孙膑一生命运坎坷，但他从没有自暴自弃，而是依靠自己的军事智慧，两次击败庞涓，最终庞涓因失败而自杀。孙膑对齐国的强盛做出了重大

① 骈宇骞，王建宇，牟虹，郝小刚译注．孙子兵法　孙膑兵法［M］．北京：中华书局，2006.

② （汉）司马迁．史记［M］．北京：中华书局，1959：2162－2165.

贡献，司马迁在《史记·孟子荀卿列传》中指出“齐威王、宣王用孙子、田忌之徒，而诸侯东面朝齐”。①

2.《孙膑兵法》中的名言警句②

（1）“乐兵者亡，而利胜者辱。兵非所乐也，而胜非所利也，事备而后动。”（《孙膑兵法·见威王》）

意思是：那些轻率用兵的人常遭失败，贪图胜利者常遭屈辱。所以说，用兵绝不能轻率，胜利也不是靠贪求而能得到的，用兵必须做好充分准备，才能付诸行动。

（2）“威王曰：‘敌众我寡，敌强我弱，用之奈何？’孙子曰：‘命曰让威。必臧其尾，令之能归。长兵在前，短兵在□，为之流弩，以助其急者。’”（《孙膑兵法·威王问》）

意思是：威王问：“如果敌方兵多，敌强我弱，又该怎么办呢？”孙膑说：“要采取退避战术，叫作‘让威’，避过敌军的锋锐。但要做好后卫的掩护工作，让自己的军队能安全后退。后退军队持长兵器的军兵在前，持短兵器的军兵在后，并配备弓箭，作为应急之用。”

（3）“威王曰：‘以一击十，有道乎？’孙子曰：‘有。功（攻）其无备，出其不意。’”（《孙膑兵法·威王问》）

意思是：威王问“如果我军和敌军兵力为一比十时，有攻击敌军的办法吗？”孙膑回答道：“有！可以在敌人没有防备的情况下，对其发动突然袭击。”

（4）“兵之胜在于篡（选）卒，其勇在于制，其巧在于势，其利在于信，其德在于道，其富在于亟归，其强在于休民，其伤在于数战。”（《孙膑兵法·篡卒》）

意思是：用兵取胜的关键在于选拔士兵。士兵的勇敢在于军纪严明，士兵的作战技巧在于指挥得当，士兵的战斗力强在于将领的信用，士兵的品德在于教导。军需充足在于速战速决，军队的强大在于百姓

---

① （汉）司马迁．史记［M］．北京：中华书局，1959：2343.

② 选自银雀山汉墓竹简整理小组：《临沂银雀山汉墓出土〈孙膑兵法〉释文》，《文物》1975 年第 1 期。其中□表示缺字。

休养生息，军队受损伤在于作战过多。

(5)“天时、地利、人和，三者不得，虽胜有央（殃）。是以必付与而□战，不得已而后战。”（《孙膑兵法·月战》）

意思是：天时、地利、人和三项条件缺了任何一项，即使能暂时取得胜利，也必定留下后患。所以，必须三项条件齐备才能作战。如果不能三项条件齐备，除非万不得已，绝不可作战。

(6)“〔十战〕而十胜，将善而生过者也。”（《孙膑兵法·月战》）

意思是：打十仗而能取胜十次，那是将领善于用兵，而士兵的素质又胜过敌军的缘故了。

(7)“知道者，上知天之道，下知地之理，内得其民之心，外知敌之请（情），陈（阵）则知八陈（阵）之经，见胜而战，弗见而诤，此王者之将也。”（《孙膑兵法·八阵》）

意思是：懂得用兵规律的人，上知天文，下知地理，在国内深得民心。对外要熟知敌情，布阵要懂得八种兵阵的要领，预见到必胜而出战，没有胜利的把握则避免出战。这才是能担当重任的将领。

(8)“弩之中谷（彀）合于四，兵有功……将也，卒也，□也。故曰，兵胜敌也，不异于弩之中召（招）也。此兵之道也。”（《孙膑兵法·兵情》）

意思是：箭射中目标的条件是箭、弩弓、射箭人和目标四项全都符合要求，而军队要战胜敌军，也必须士兵配备得当……将领（之间同心协力），君王能正确使用军队。由此可见，用兵战胜敌军，和用箭射中目标没有任何不同。这正是用兵的规律。

3.《孙膑兵法》的军事思想

《孙膑兵法》是在《孙子兵法》的基础上，进一步总结了我国战国中期以前的战争经验，提出了不少有价值的作战指导思想和原则，对后世产生了深远的影响。孙膑军事思想主要包括战争认识论、战略战术思想与军队建设和管理思想等。

首先，在战争观上，《孙膑兵法》肯定了战争对于国家的重要性，强调“慎战”。提出“举兵绳之”以强调战争的必要性，同时在《孙子兵法》“国之大事”的基础上，看到了“乐兵者亡”。同时，《孙膑兵法》更加鲜明地提出了“战胜而强立”，这是比较进步的战争观。此外，《孙膑兵法》进一步把战争性质划分为“有义”和“无义”，强调战出于义才是合乎道义的战争，才能取得最终的胜利，从而保全国家社稷，并把战争的输赢贯彻到国家的政治利益上。孙膑对战争性质的划分，是战国时期兵家取得的重要成就。**其次**，在“道”论思想上，《孙膑兵法》之“道”多指战争规律之意，从而强调以“道”制胜的哲学思想。可见，《孙膑兵法》对《孙子兵法》之“道”既有继承也有创新。孙膑用“道”字总结战争规律，并让人们去认识它、研究它和应用它，这是《孙膑兵法》的一个重要特征。**再次**，《孙膑兵法》在《孙子兵法》的基础上，提出了“义、仁、德、信、智”五个原则。孙膑强调“义”在军队建设中发挥首要作用，把“义”作为“兵之首”。**最后**，《孙膑兵法》兵学辩证思想中的“攻”与“守”思想，是对《孙子兵法·虚实篇》“攻而必取者，攻其所不守也”的继承和发展。孙膑提出了“必攻不守”思想，旨在强调抓住矛盾的主要方面，才能掌握战争的主动权。①

1.3.2 孙膑兵法案例解析

有三个与《孙膑兵法》有关的例子，一是田忌赛马，冯梦龙《智囊全集》中称之为“驷马之法”；二是“围魏救赵”即桂陵之战；三是“增兵减灶之法”在马陵之战中的运用。

1. 驷马之法（田忌赛马）

《史记·孙子吴起列传第五》（第六十五卷）记载了“驷马之法”。

> 齐使者如梁，孙膑以刑徒阴见，说齐使。齐使以为奇，窃载与之齐。齐将田忌善而客待之。忌数与齐诸公子驰逐重射。孙子见其马足不甚相远，马有上、中、下辈。于是孙子谓田忌曰：“君

① 苏扬扬．《孙膑兵法》兵学思想研究［D］．硕士学位论文，曲阜师范大学，2019.

弟重射，臣能令君胜。”田忌信然之，与王及诸公子逐射千金。及临质，孙子曰：“今以君之下驷彼上驷，取君上驷与彼中驷，取君中驷与彼下驷。”既驰三辈毕，而田忌一不胜而再胜，卒得王千金。于是忌进孙子于威王。威王问兵法，遂以为师。①

这段话的意思如下。齐国的使者来到大梁，孙膑以囚徒的身份暗地里拜见和游说齐国使者。通过了解，齐国使者认为孙膑有军事才能，就想办法将孙膑带回齐国。齐国将军田忌非常赏识孙膑的才能，并且非常尊重孙膑。田忌经常与齐国的国王和各位公子赛马，方法是将马分为上、中、下三等，赢得场次多的人获胜。但很多时候田忌都输掉了比赛。孙膑经过仔细观察，发现田忌的三类马都比齐威王的马跑得慢，但相差不是很多。于是孙膑对田忌说：“您只管下大赌注（比赛），我能让您取胜。”田忌相信并答应了孙膑，与齐威王的比赛中下了千金的赌注。等到比赛即将开始时，孙膑说：“现在用您的下等马对他的上等马，用您的上等马对他的中等马，用您的中等马对他的下等马。”三场比赛结束后，田忌败了一场胜了两场，最终赢得齐威王的千金赌注。

赛马之后，田忌把孙膑推荐给齐威王。齐威王经常向孙膑请教指挥作战的方法。

2. “围魏救赵”

《史记·孙子吴起列传第五》（第六十五卷）记载了发生在公元前354年的“围魏救赵”战役即桂陵之战。

其后魏伐赵，赵急，请救于齐。齐威王欲将孙膑，膑辞谢曰：“刑余之人不可。”于是乃以田忌为将，而孙子为师，居辎车中，坐为计谋。田忌欲引兵之赵，孙子曰：“夫解杂乱纠纷者不控捲，救斗者不搏撠，批亢捣虚，形格势禁，则自为解耳。今梁赵相攻，轻兵锐卒必竭于外，老弱罢于内。君不若引兵疾走大梁，据其街

① （汉）司马迁．史记［M］．北京：中华书局，1959：2162－2163.

路，冲其方虚，彼必释赵而自救．是我一举解赵之围而收弊于魏也。”田忌从之，魏果去邯郸，与齐战于桂陵，大破梁军。[①]

这段话的意思如下。之后魏国攻打赵国，赵国情况危急，向齐国求救。齐威王想要让孙膑作为大将，孙膑推辞说：“受过刑的人不能担任大将。”于是就任命田忌为将军，任孙膑为军师，坐在辎车（古代一种有帷盖的大车）之中出谋划策。田忌想要带领军队去赵国，孙膑说：“（那些）解开杂乱纠缠丝线的人不是整个去拉丝线，规劝斗殴的人没有必要参与械斗，（应该）避开激战而直捣空虚的地方，遏止（紧张的）形势，事情自然解决。现在梁（魏国都城为大梁，因此也称魏国为梁）攻打赵国，其精锐军队一定都派到国外作战，而老弱残兵都留在国内。您不如率领军队快速向其都城大梁进军，控制魏国的交通道路，冲击其虚弱的地方，魏军就会从赵国回救魏国。这样既解救了赵国的围困又坐收魏国失误（之利）。”田忌听从了孙膑的建议。魏军果然离开邯郸，与齐军在桂陵开战，（齐军）大破梁（魏）军。

围魏救赵战役是从赵国攻打魏国的属国卫国开始的。在占领卫地之后，魏惠王想攻打赵国的属地，庞涓建议魏惠王直接进军邯郸，这样可一举两得。魏惠王听从庞涓的建议派兵包围了赵国的都城邯郸。赵魏两军相持半年之久。次年，赵国派遣使臣向齐国求救。齐威王任命田忌为将，孙膑为军师，援救赵国。田忌想要直接与魏军拼个你死我活，却遭到孙膑的否认，孙膑认为魏军主力虽然与赵军交战了一段时间，但是其战力依然不可小觑，魏国此次与赵国交战，国内军力防务空虚，应当出其不意，攻其脆弱之处，直捣魏国都城大梁。在此战役中，孙膑运用了避实击虚、“攻其必救”的思想。这是应用《孙子兵法》的著名战例。

3. “增兵减灶之法”

《史记・孙子吴起列传第五》（第六十五卷）记载了发生在公元前

---

① （汉）司马迁．史记［M］．北京：中华书局，1959：2163.

341 年马陵之战中的“增兵减灶之法”。

> 后十三岁，魏与赵攻韩，韩告急于齐。齐使田忌将而往，直走大梁。魏将庞涓闻之，去韩而归，齐军既已过而西矣。孙子谓田忌曰：“彼三晋之兵素悍勇而轻齐，齐号为怯，善战者因其势而利导之。兵法，百里而趣利者蹶上将，五十里而趣利者军半至。使齐军入魏地为十万灶，明日为五万灶，又明日为三万灶。”庞涓行三日，大喜，曰：“我固知齐军怯，入吾地三日，士卒亡者过半矣。”乃弃其步军，与其轻锐倍日并行逐之。孙子度其行，暮当至马陵。马陵道狭，而旁多阻隘，可伏兵，乃斫大树白而书之曰“庞涓死于此树之下”。于是令齐军善射者万弩，夹道而伏，期曰“暮见火举而俱发”。庞涓果夜至斫木下，见白书，乃钻火烛之。读其书未毕，齐军万弩俱发，魏军大乱相失。庞涓自知智穷兵败，乃自刭，曰：“遂成竖子之名！”齐因乘胜尽破其军，虏魏太子申以归。孙膑以此名显天下，世传其兵法。①

公元前 341 年，魏国与赵国联合攻打韩国，韩国向齐国求救。齐国派田忌率领军队前去救援，直接进军魏国都城大梁。魏将庞涓听到消息后，率军撤离韩国赶回魏国，但齐军已经越过边界向西挺进了。孙膑对田忌说：“魏军一直以来凶悍勇猛且看不起齐军，而齐军有怯懦的名声，善于指挥作战的将领，就要因势利导。兵法上说，急行军百里与敌人争利的有可能损失上将军，急行军五十里与敌人争利的只有一半士兵能赶到。（您）命令齐国军队进入魏国境内后先设十万个灶，过一天设五万个灶，再过一天设三万个灶。”庞涓行军三天，非常高兴地说：“我就知道齐军怯懦，进入魏国境内三天，士兵已经逃跑了一大半。”于是庞涓丢下步兵，只率领轻装精锐骑兵日夜兼程地追击齐军。孙膑估计他的行程，天黑会赶到马陵一带。马陵道路狭窄，两旁多是

① （汉）司马迁．史记［M］．北京：中华书局，1959：2164.

峻隘险阻，可以埋伏军队，孙膑就叫人砍去树皮，露出白木，写上“庞涓死于此树之下”。然后命令一万名善于射箭的齐兵，隐伏在马陵道两旁，约定好“天黑看见点着的火就一起射箭”。果然，庞涓当天晚上赶到了被砍去树皮的大树下，他看到树上露出白皮的地方写有字，就让士兵点火照着树干上的字。还没有读完，齐军伏兵就万箭齐发，魏军大乱，（彼此）失去照应。庞涓自知败局已定，拔剑自杀，临死说：“倒成就了这小子的名声！”齐军乘胜追击，彻底击溃魏军，俘虏了魏国太子申后回国。孙膑从此名扬天下，后世流传着他写的兵法。

1.4　《孙子兵法》与战争中的博弈

本节介绍《孙子兵法》与利用该思想的战争中的博弈，主要包括吴楚柏举之战、楚汉垓下之战、吴魏赤壁之战三场著名的战役。

1.4.1　吴楚柏举之战

1. 吴楚柏举之战简介

公元前506年（周敬王十四年）爆发了著名的“柏举之战”。在这场战役中吴国以少胜多，以弱胜强，以三四万左右兵力击败楚军，攻进楚国都城郢。吴国采取十分灵活的战术，因敌用兵、后退削弱敌方战斗力，伺机决战而大获全胜。

《史记·吴太伯世家》记载：

九年，吴王阖庐请伍子胥、孙武曰：“始子之言郢未可入，今果如何？”二子对曰：“楚将子常贪，而唐、蔡皆怨之。王必欲大伐，必得唐、蔡乃可。”阖庐从之，悉兴师，与唐、蔡西伐楚，至于汉水。楚亦发兵拒吴，夹水陈。吴王阖庐弟夫槩欲战，阖庐弗许。夫槩曰：“王已属臣兵，兵以利为上，尚何待焉？”遂以其部五千人袭冒楚，楚兵大败，走。于是吴王遂纵兵追之。比至郢，五战，楚五败。[①]

公元前506年，吴王阖庐对子胥、孙武说："当初你们说郢都不可攻入，现在情况怎样呢？"子胥、孙武回答说："楚将子常骄横贪财，唐国和蔡国都怨恨他。大王要大规模地进攻楚国，必须先得到唐国和蔡国的帮助才行。"阖庐听从了他们的意见，出动军队和唐国、蔡国向西攻打楚国，来到汉水边上。楚国也发兵迎战吴军，双方隔水列阵。吴王阖庐之弟夫槩想攻打楚军，阖庐不允许。夫槩说："大王已把军队委托于我，作战要抓住有利时机才是上策，还等什么？"于是带领五千人突袭楚军，楚军大败奔逃。吴王领兵追击。吴军到达楚国都城郢，一共交战五次，楚军五次被打败。[②]

2. 用《孙子兵法》分析吴楚柏举之战

柏举之战中吴国军队战胜楚国军队的主要原因有三个。**一是谋求先胜条件**。与楚国相比，吴国入楚作战，在地理上不占优势。因此，在柏举之战之前，吴国即采取"三分疲楚"的策略，取得战场主动权。面对楚军主动渡汉江出击，吴国军队果断采取后退疲敌、速战速决的战法，并给楚军造成怯战的假象，诱敌深入，三战三胜。待楚军陷入被动后，主动出击。同时，吴国军队利用间谍来迷惑敌人。柏举之战开始前，吴首先策反了桐国，使其背叛楚国，后又让被楚灭国的舒鸠人向楚国告密，使楚以为驻守在桐国的吴军兵力较弱，可趁机出兵夺回桐国。楚国令尹子常果然出兵，仓促应战而大败。**二是营造有利态势**。楚军沿汉水防御以逸待劳，吴军深入楚国腹地处于被动不利地位。吴军入楚时，兵分两路，北路军由五百个大力士和善于奔跑的三千人组成，以救蔡国的名义弃船登陆，深入楚地后立即向东撤退，诱使楚令尹子常的军队向东移动。吴军虽然身处异国，但通过兵力的安排，化被动为主动，赢得了有利形势。**三是将领治军有方**。《孙子兵法》明确提出，为将者必须具备"智、信、仁、勇、严"五德，因为他对战

---

① （汉）司马迁．史记［M］．北京：中华书局，1959：1466.

② 秦士杰．吴楚柏举之战［J］．孙子研究，2015（3）：110－116.

局有很大影响。吴军上下帅卒一心，善于打仗和懂得兵法的伍子胥和孙武、具备雄才大略的明君、英勇善战的大将，对吴实现破楚入郢至关重要。[①]

3. 柏举之战的影响

柏举之战是一次战略性决战，规模宏大，时间跨度长，著名史学家范文澜称之为“东周时期第一个大战争”[②]。

此战是中国古代军事史上以少胜多、快速取胜的成功战例。柏举之战使吴国战胜强敌楚国并重创楚国，使吴国向北威胁齐国和晋国，扬名于诸侯。在柏举之战后，吴王阖庐击败越国，解决了吴国内部的王位争夺问题，并继续发兵攻打楚国。由此，吴国威震中原，成为春秋后期的中原霸主之一。

1.4.2 楚汉垓下之战

1. 垓下之战背景

公元前 203 年八月，项羽与刘邦订立**鸿沟之盟**，即以战国时魏国所修建的运河鸿沟（在今河南荥阳市东北广武山）为界划分天下，西边属于汉地而东边属于楚地。根据《史记·高祖本纪》记载：

> 项羽恐，乃与汉王约，中分天下，割鸿沟而西者为汉，鸿沟而东者为楚。[③]

九月，项羽率十万楚军向楚地撤军。刘邦却接受张良和陈平的建议，决定追击楚军，抓住战机，消灭项羽；同时采纳张良的建议，分封韩信和彭越为王，保障了决战的顺利进行。《史记·高祖本纪》记载：

> 项羽解而东归。汉王欲引而西归，用留侯、陈平计，乃进兵

① 张梦缘，吕超．吴楚柏举之战探析［J］．西部学刊，2021，(17)：109－111.

② 范文澜．中国通史简编［M］．北京：人民出版社，1964：170.

③（汉）司马迁．史记［M］．北京：中华书局，1959：377.

追项羽，至阳夏南止军，与齐王信、建成侯彭越期会而击楚军。[①]

2. 垓下之战简介

公元前203年十二月至前202年一月发生的垓下之战，是楚汉两军在垓下（今安徽灵璧县）进行的一场军事决战。这场战役是楚汉战争中的最后一场战役。

司马迁《史记·项羽本纪》记载了垓下之战：

> 项王军壁垓下，兵少食尽，汉军及诸侯兵围之数重。夜闻汉军四面皆楚歌，项王乃大惊曰："汉皆已得楚乎？是何楚人之多也！"……于是项王乃上马骑，麾下壮士骑从者八百余人，直夜溃围南出，驰走。……于是项王乃欲东渡乌江。……乃令骑皆下马步行，持短兵接战。独籍所杀汉军数百人。项王身亦被十余创。……乃自刎而死。[②]

项羽的军队在垓下安营扎寨，士兵越来越少，粮食也吃没了，刘邦的汉军和韩信、彭越的军队又层层包围上来。夜晚，听到汉军的四周都在唱着楚地的歌谣，项羽大惊失色地说："汉军把楚地都占领了吗？不然，为什么汉军中楚人这么多呢？"于是项羽跨上战马，部下壮士八百多人骑马跟随，当晚从南面突出重围，纵马奔逃。……项羽就想东渡乌江。……于是命令骑马的都下马步行，手拿短小轻便的刀剑交战。仅项羽一人就杀死汉军几百人。项羽自己也负伤十多处。……就自杀身亡了。

3. 用《孙子兵法》分析垓下之战

垓下之战交战双方是项羽指挥的楚军和刘邦指挥的汉军。项羽采取的策略是在鸿沟之盟后撤军回楚地，指挥和用人出现失误。刘邦采取的策略则是有利的。一是采用张良和陈平追击楚军的建议，抓住了

---

① （汉）司马迁．史记［M］．北京：中华书局，1959：378.

② （汉）司马迁．史记［M］．北京：中华书局，1959：333－336.

战机。《孙子兵法·形篇》指出："善战者，胜于易胜者也。"意思是：善于作战的将领，都是在容易战胜的情况下战胜敌军。二是采纳张良的建议，分封韩信和彭越为王，保障了决战的顺利进行。《孙子兵法·谋攻篇》指出："上下同欲者胜。"即全军上下意愿一致、同心协力就会取得胜利。三是在垓下决战时刻，刘邦将全军指挥权交给韩信，而韩信运用"四面楚歌"的心理战战胜项羽。《孙子兵法·计篇》指出："利而诱之，乱而取之。"即敌人贪利，就以小利引诱它，敌人混乱，就乘机攻取它。

4. 垓下之战的影响

垓下之战是楚汉相争中决定性的战役，它是楚汉相争的终结点，又是汉朝的起点，奠定了汉朝的基础，被列为世界著名古代七大战役之一。①

1.4.3 吴魏赤壁之战

1. 赤壁之战简介

赤壁之战是指东汉末年孙权、刘备联军于建安十三年（公元208年）在长江赤壁（今湖北省赤壁市西北部）一带大破曹操大军的战役。著名的史学家司马光在《资治通鉴》（卷六十五）中对赤壁之战进行了生动形象的描写。

> 进，与操遇于赤壁。时操军众，已有疾疫。初一交战，操军不利，引次江北。瑜等在南岸，瑜部将黄盖曰："今寇众我寡，难与持久。操军方连船舰，首尾相接，可烧而走也。"乃取蒙冲斗舰十艘，载燥荻、枯柴，灌油其中，裹以帷幕，上建旌旗，预备走舸，系于其尾。先以书遗操，诈云欲降。时东南风急，盖以十舰最著前，中江举帆，余船以次俱进。操军吏士皆出营立观，指言盖降。去北军二里余，同时发火，火烈风猛，船往如箭，烧尽北

---

① 郭沫若. 中国史稿地图集（上册）[M]. 北京：中国地图出版社，1996.

船，延及岸上营落。顷之，烟炎张天，人马烧溺死者甚众。瑜等率轻锐继其后，雷鼓大震，北军大坏。操引军从华容道步走，遇泥泞，道不通，天又大风，悉使羸兵负草填之，骑乃得过。羸兵为人马所蹈藉，陷泥中，死者甚众。刘备、周瑜水陆并进，追操至南郡。时操军兼以饥疫，死者太半。操乃留征南将军曹仁、横野将军徐晃守江陵，折冲将军乐进守襄阳，引军北还。①

这段记载意思如下。孙刘联军进军，与曹操的军队（简称曹军）在赤壁相遇。这时曹操的军队已经感染了疾病，刚开始交战，曹军失利，退却驻扎在长江北岸。周瑜等驻扎在南岸。周瑜部将黄盖说："现在敌众我寡，很难与他们长久对阵。曹军并连战船，首尾相接，可用火攻使他们败逃。"于是就用十艘蒙冲斗舰，装满干燥的苇荻和枯柴，把油浇灌在里面，外面用帷幕包起来，上面插上旗帜，预先准备好轻快的小船，连接在战舰的尾部。先送信给曹操，假说要投降。当时东南风刮得很急，黄盖把十艘战舰放在最前面，到了江心，挂起风帆，其余各舰按次序前进。曹操军队中的士兵和军官都走出军营站着观看，指点着，说黄盖来投降。距离曹营二里多的时候，各船同时点火，火烈风猛，船走如箭，把北边曹军的船全部烧光了，还蔓延到岸上的军营。一会儿，烟雾和火焰布满天空，曹操的人马烧死和溺死的很多。周瑜等轻装的精锐部队跟在后面，擂起战鼓，大举进军，曹军大败。曹操带领败军从华容县的陆路步行逃跑，遇上烂泥，道路不通，天又刮着大风，曹操就命令体弱的士兵去背草填路，骑兵才得以通过。那些体弱的士兵被人马践踏，陷入泥中，死了很多。刘备、周瑜从水陆两路同时进攻，追击曹操，一直到了南郡。当时，曹军饥饿和疾病交加，死亡的有一大半。曹操于是留下征南将军曹仁、横野将军徐晃守卫江陵，折冲将军乐进守卫襄阳，自己带领军队回北方了。

2. 用《孙子兵法》分析赤壁之战

在赤壁之战中，周瑜灵活运用了《孙子兵法》取得了战役的胜利。

---

① 司马光著．胡三省注．资治通鉴［M］．中华书局，1956：2092－2093.

首先，战前周瑜充分了解了曹操军队的情况。《孙子兵法·谋攻篇》指出："知彼知己，百战不殆。"周瑜连夜第二次见孙权，对曹操的兵力做了具体的分析，指出曹操实际上只有二十多万人，而且是"疲病之卒"和"狐疑之众"，使孙权消除了疑虑。周瑜说领精兵五万足够战胜曹军。这坚定了孙权战胜曹操的信心。**其次**，周瑜运用了《孙子兵法》，实行了诈降计和火攻之计。《孙子兵法·计篇》指出："兵者，诡道也""攻其无备，出其不意"；《孙子兵法·火攻篇》指出："火发上风，无攻下风。"意思是：火势要放在上风，不要从下风进攻。周瑜利用曹操的骄傲轻敌，让黄盖诈降；又利用了曹军不懂水战、将战船相连的劣势，用火攻轻易地烧了曹军的战船。

在赤壁之战中，曹操失败的主要原因是违背了《孙子兵法》的军事思想。**第一**，《孙子兵法·九地篇》指出："兵之情主速，乘人之不及，由不虞之道，攻其所不戒也。"意思是：用兵的情势就是要迅速，乘敌人措手不及的时机动手，走敌人意料不到的路，攻击敌人没有戒备的地方。兵贵神速，这是孙子著名的军事思想，这里主要强调速度要快。曹操挥军南下，樊城刘琮投降，再在长坂坡击败刘备军队之后，曹操没有命令军队追击刘备。反而指挥军队顺长江东下至赤壁会战，失去了战胜刘备的机会。**第二**，《孙子兵法·计篇》指出："卑而骄之"，意思是：对于小心谨慎的敌人，要千方百计地骄纵他，使其丧失警惕。曹操在写给孙权的信中说："如今，我统领水军八十万人，将要与将军在吴地一道打猎。"这封劝降信，看似是曹操恐吓孙权，但同时让周瑜知道曹操军队骄傲和轻敌的心理。因此，周瑜制定了"诈降计"和火攻之计，孙刘联军最终战胜了曹操军队。

3. 赤壁之战的影响

赤壁之战后，曹操退回北方，失去了在短时间内统一全国的可能性。刘备乘势取得荆州大部，包括武陵（郡治在今湖南常德）、长沙、桂阳（郡治在今湖南郴县）、零陵（郡治在今湖南境内）等四郡，稍后又夺得刘璋的益州。孙权据有江东，形成了魏、蜀、吴三国鼎立的割据局面，具有重要的政治和军事意义。

这次战役是我国历史上以少胜多、以弱胜强的著名战例之一。司马光认为赤壁之战对汉末的历史有着重大的影响。毛泽东对赤壁之战也进行过客观的评价。他认为："中国战史中合此原则而取胜的实例是非常之多的。……吴魏赤壁之战……等等有名的大战，都是双方强弱不同，弱者先让一步，后发制人，因而战胜的。"①

1.5 《孙子兵法》中的博弈思想

《孙子兵法》是一部以战争为研究对象，包括对策智慧、对策原则、对策类型、对策方法在内的系统而完整的兵书，不仅具有"博弈"的某些基本特征，而且构成了单方完全信息下的零和动态博弈模型。

1.5.1 《孙子兵法》与理性决策分析

《孙子兵法》提出慎战的思想。其中"计篇"认为："兵者，国之大事也。死生之地，存亡之道，不可不察也。"慎战的思想不仅应用在军事领域，也是现代博弈论的主要结论之一。孙武慎战思想与现代博弈论中零和博弈思想一致，这表明2500年前孙武已经认识到战争的本质就是零和博弈了。在《孙子兵法》中有多处争利的思想。例如，"作战篇"提出"故不尽知用兵之害者，则不能尽知用兵之利也，"即将帅不知道战争的害处，就不可能理解战争的好处。"谋攻篇"提出"百战百胜，非善之善者也；不战而屈人之兵，善之善者也"。孙武所说的"利"与博弈论中的"得益"相对应，这表明《孙子兵法》中战争行动及战争决策本质上存在博弈的得益结构。例如，现代博弈论中用鹰鸽进化博弈来模拟战争中的侵略和反抗。鹰鸽博弈的进化稳定策略（Evolutionarily Stable Strategy，ESS）表明诸侯国之间和平关系的情况占多数，以非战争手段欺压对手的情况相对较少，而双方兵戎相见的

① 毛泽东．《毛泽东选集》第1卷［M］．北京：人民出版社，1991：204.

情况最少。进化稳定策略是慎战思想的有力证据。《孙子兵法·谋攻篇》指出："凡用兵之法，全国为上，破国次之；全军为上，破军次之；全旅为上，破旅次之；全卒为上，破卒次之；全伍为上，破伍次之。"意思是：战争的指导法则是，使敌人举国屈服是上策，击破敌国就次一等；使敌人全"军"降服是上策，击破敌人的"军"就次一等；使敌人全"旅"降服是上策，击破敌人的"旅"就次一等；使敌人的全"卒"降服是上策，击破敌人的"卒"就次一等；使敌人全"伍"降服是上策，击破敌人的"伍"就次一等。

《孙子兵法》中的博弈思想概括起来有以下几个方面。

1.《孙子兵法》中基于理智的决策①

在实际博弈中，特别是在战争博弈领域，人们往往会做出非理智决策。要想做到理智决策需要认识到以下几点。**第一，理智决策的前提是决策者慎重决策**。《孙子兵法·计篇》指出："兵者，国之大事也。死生之地，存亡之道，不可不察也。"战争是关系国家生死存亡的大事，这表明孙子对战争持慎重态度。**第二，理智决策的基础是决策者对客观事实的掌握**。《孙子兵法·用间篇》指出："先知者，不可取于鬼神，不可象于事，不可验于度，必取于人，知敌之情者也。"也就是说，战争决策不能迷信"鬼神"，不可简单类比"事"，不可依赖"度"，要基于"知敌之情者"，即要基于客观事实，而不能凭主观想象。**第三，理智决策的保证是决策者保持理性**。要做到"主不可以怒而兴军，将不可以愠而致战"，这是因为"怒可复喜，愠可复悦，亡国不可以复存，死者不可以复生。故明君慎之，良将警之，此安国全军之道也"。时刻提醒人们，必须以理智的态度对待战争，切不可凭个人好恶、个人感情用事。

2.《孙子兵法》中基于理性的分析②

纳什均衡是博弈论中最基本的博弈均衡概念，它指的是一种由所

---

① 牛涛，邢飞，吴洪林．《孙子兵法》"博弈"思想浅析［J］．军事历史，2020，（3）：84－89.

② 牛涛，邢飞，吴洪林．《孙子兵法》"博弈"思想浅析［J］．军事历史，2020，（3）：84－89.

有博弈方的最优策略组成的策略组合。博弈分析的目的就是预测博弈的均衡结果。《孙子兵法》第一篇谈“计”，这里“计”的基本含义是计算，但也可以具有计划、分析、评估等含义。这充分说明，孙武在认真考虑战争问题，认为它不是简单的定性分析，而是经过精密的计算、计划、分析和评估，其对胜负的预测与博弈均衡的分析是一致的。在战略层面，要“经之以五，校之以计，而索其情”；将国力评估区分“道、天、地、将、法”五种因素，“校之以计”，即进行量度计算；并从“主、将、天地、法令、兵众、士卒、赏罚”七个方面“索其情”，即在计算的基础上进行判断，实现客观与主观的统一，这既是“庙算”的核心，也是一种理性分析的方法。

3.《孙子兵法》中基于利害的抉择[①]

博弈思维，指思考出许多方案，快速比较其优劣，从中挑选出最好、最理想的方案并付诸实施的思维方法。博弈论中将成本、收益和风险作为选择最优策略的基本标准。那么，在战争博弈中，如何比较优劣，挑选出最好最理想的方案呢？就是要知利害、析利害、权利害，在利害比较中做出判断，在趋利避害中做出决断。首先，要知利害。“故不尽知用兵之害者，则不能尽知用兵之利也。”这句话包含两方面意思：一方面，无论是战争，还是具体某一次作战，没有绝对完美的占优策略，任何策略都是有利亦有害，切不可只知其利而不知其害；另一方面，要“尽”知利害，知其一二不行，要尽可能全面、彻底、毫无遗漏地知，不可以有任何一厢情愿的想法。其次，要析利害。“是故，智者之虑，必杂于利害。杂于利，而务可信也；杂于害，而患可解也。”所谓“智者”，就是有理性的决策者。战争和作战决策者在决定时都必须考虑正反两个方面，既要争利，又要避害，而利害关系又非常复杂，往往利中有害、害中有利，所以应全面客观地分析利害。最后，要权利害，就是趋利避害。“非利不动，非得不用，非危不战。……合于利而动，不合于利而止。”决定打还是不

① 牛涛，邢飞，吴洪林.《孙子兵法》“博弈”思想浅析［J］. 军事历史，2020，(3)：84－89.

打、何时打、在哪里打、怎么打、打到什么程度？其最高准则是符不符合国家的根本利益，能不能坚持以利为动、以害为止的原则。

1.5.2 《孙子兵法》中“智”“计”“谋”与博弈最优化

从博弈的思维方式出发，《孙子兵法》是以“智”为基础，以“计”为核心，以“谋”为最高境界（最优化），在“计”与“谋”的应用中来完成单人博弈的最优化过程的。“计”可以理解为“对策”，它包括了各种不同环境和条件下的“对策”选择。“谋”可以理解为一种最优化的境界或状态，它既是“计”的结果，又是高于“计”的选择。概括起来有以下三个方面。

1. “智”与信息不对称[①]

博弈是指一些个人、队、组面对一定的环境条件，在一定的规则下，同时或先后，一次或多次，从各自允许选择的行为或策略中进行选择并付诸实施，从而取得相应结果的过程。[②] 博弈方拥有的信息越多，即对决策的环境条件了解得越多，决策的正确性就越高，得益也就越多。在博弈中，最重要的信息之一就是关于得益的信息。在博弈论中，通常把各博弈方都完全了解所有博弈方各种情况下得益的博弈，称为“完全信息的博弈”；而将至少存在部分博弈方不完全了解其他博弈方得益情况的博弈，称为“不完全信息的博弈”。

尽管《孙子兵法》中没有“信息”二字，但信息对称是“知彼知己”的重要内涵。“知彼知己，百战不殆”的含义可以理解为：对自己和对方的信息都掌握，是取得战争胜利的保障。然而，获取信息是需要支付成本的，在经济学中人们把这种成本的支付称为交易费用，它通常以价值的形态表现出来。但在《孙子兵法》中，包含准确判断力和丰富经验的“智”，是获得信息并进而克服信息不对称，甚至制造信息不对称的无形成本。因此，可以把《孙子兵法·计篇》中的“多算胜，少算不胜”中的“算”理解为“智”或“智慧判断”，即多动用

---

① 陶一桃．《孙子兵法》的博弈论分析［J］．滨州学院学报，2006，（5）：47－56.

② 谢识予编著．经济博弈论［M］．3 版．上海：复旦大学出版社，2007.

智慧以获取更多的信息，是取得战争胜利的保障。而信息缺乏或不对称，从而无法正确地制定、选择对策，则是战争失败的根本原因。

2. “计”与动态博弈中的“策略”和“行为”①

“计”是《孙子兵法》的核心。如果在完全信息的零和博弈框架中研究《孙子兵法》中的“计”，“计”也就无疑具有了“对策”的含义。完全信息假设意味着孙子在其关于战争的分析中，完全了解敌我双方在不同条件和情况下胜与败的对策选择，因此，如何“得益”，即如何取得战争的胜利，就是对策选择的目标。

在博弈论中，把所有博弈方同时或可看作同时选择策略的博弈，称为“静态博弈”。而将各博弈方依次或先后进行对策选择的情形，称为“动态博弈”。通常在动态博弈中，一个博弈方的一次行为称为一个“阶段”。由于每个博弈方在动态博弈中可能不止有一次行动，因此每个博弈方在一个动态博弈中就可能有数个甚至许多个博弈阶段，这正如一场战争要有许多场战役一样。由于人们所关心的博弈结果并不是取决于博弈方某一个阶段的行为，而是取决于整个博弈过程中的行为，各博弈方在这些动态博弈中决策的全部内容，即各博弈方在针对每种可能的情况如何选择完整的行动计划，就是博弈的“策略”。在动态博弈中，作为“对策”的“计”表现为博弈全过程中的每一阶段中的具体行动。而“策略”是原则，既包括了许多具体的对策和行动，又是一个完整的计划体系，同时又通过这些对策和行动来实现整体计划。本书中所谈的“计”，既代表单个博弈方的“对策”，又代表动态博弈中的“策略”。作为“策略”的“计”是“母计”，而作为“对策”的“计”是“子计”。一个“母计”下会有许多“子计”，“子计”不仅表现为实现“母计”的每一次行动，而且反映并实现着“母计”的目标。

《孙子兵法》中蕴含着许多战争策略思想。如“上兵伐谋”“兵贵胜，不贵久”“择人而任势”“避实而击虚”“以迂为直”等。这些战

① 陶一桃.《孙子兵法》的博弈论分析［J］. 滨州学院学报，2006，(5)：47－56.

争策略都从不同的侧面体现着“速”“奇”“神”的战术原则。如果说“速”“奇”“神”是贯穿始终的战术原则，那么作为“母计”的“上兵伐谋”“兵贵胜，不贵久”“择人而任势”“避实而击虚”“以迂为直”等，则是从不同侧面体现战术原则的策略。而为完成策略、实现策略目标的一切具体行动，就是“子计”。例如，“择人而任势”的战争策略告诉人们，大凡要取得战争的胜利，就要把握“势”。“势”是事物发展的趋势，也是事物发展的内在动力。把握这种“势”，将有利于推动事物的发展，这就是“任势”。要正确地运用“势”，最主要的是“择人”，即选用能够造势的人。所以《孙子兵法·势篇》指出：“故善战者，求之于势，不责于人，故能择人而任势。”当战争策略（“母计”）确定之后如何实施策略目标，在气势上压倒敌人，从而不战而先胜，就是具体的“对策”（“子计”）的事。孙子认为，为达到“任势”的目的，就要“示形”“动敌”，发挥“奇正”的作用。这里“示形”“动敌”“奇正”既是实现“择人而任势”的“子计”，又表现为过程中的“行动”。

3. “谋”与单人博弈中最优化的实现①

“上兵伐谋”是《孙子兵法》一系列战争博弈选择中最好的策略选择。它具有策略选择和最优化的含义，也是孙武军事思想智慧的体现。例如，通常“最佳”选择的原则是：“两害相权取其轻，两利相权取其重。”战争的“利”“害”选择是战争观和战争理念的问题。孙武把指挥作战的策略分为四个等级，即最优（上策）、次优（其次）、再次优（再次）和最差（下策）。并指出：“上兵伐谋，其次伐交，其次伐兵，其下攻城。”“故善用兵者，屈人之兵而非战也，拔人之城而非攻也，毁人之国而非久也，必以全争于天下。故兵不顿而利可全，此谋攻之法也。”

习题

1. 《孙子兵法》的作者是谁？《史记·孙子吴起列传第五》是如

① 陶一桃．《孙子兵法》的博弈论分析［J］．滨州学院学报，2006，（5）：47－56.

何解释他的军事才能的？

2.《孙子兵法·计篇》中“兵者，国之大事也。死生之地，存亡之道，不可不察也”是什么意思？对企业管理者有什么启示？

3.《孙子兵法·谋攻篇》中“知彼知己，百战不殆；不知彼而知己，一胜一负；不知彼不知己，每战必殆”是什么意思？对企业管理者有什么启示？

4.《孙子兵法·谋攻篇》中“是故百战百胜，非善之善者也；不战而屈人之兵，善之善者也”是什么意思？对企业管理者有什么启示？

5.《孙子兵法·作战篇》中“故兵贵胜，不贵久”是什么意思？对企业管理者有什么启示？

6.《孙膑兵法》的作者是谁？《史记·孙子吴起列传第五》是如何解释他的军事才能的？

7. 简述孙膑的“驷马之法、围魏救赵、增兵减灶之法”。

8. 用《孙子兵法》中“智”分析博弈论中的信息不对称问题。

9. 用《孙子兵法》中“计”分析动态博弈中的“策略”和“行为”。

10. 用《孙子兵法》中“谋”分析单人博弈中最优化的实现。

第2章　现代博弈论的历史与发展

本章介绍现代博弈论的历史与发展，包括博弈论的开端、非合作博弈论的提出与发展、博弈论与诺贝尔经济学奖、非合作博弈的分类及其表示以及博弈论在企业管理中的作用，使读者全面深入地了解现代博弈论的发展进程，并且了解博弈论对企业管理和决策的影响。

2.1　博弈论的开端

博弈论（Game Theory）又称对策论，是研究具有冲突对抗条件下最优决策问题的理论，它既是现代数学的一个分支，也是运筹学的一个重要分支。目前，博弈论在管理学、经济学、生物学、计算机科学、国际关系学、政治学、军事战略等方面有着极其广泛的应用。

博弈论最初主要用于研究战争。例如，第一章介绍的我国古代的《孙子兵法》不仅是一部军事著作，而且可能是世界上最早的一部具有博弈思想的著作。后来，博弈论主要用于研究象棋、赌博中的胜负问题，只是人们对博弈局势的把握只停留在经验上，没有形成完整的理论体系。

作为一门正式学科，博弈论是在20世纪40年代形成并发展起来的，到20世纪70～80年代成为主流经济学的一部分。1944年，英国数学家约翰·冯·诺依曼（John Von Neumann）与经济学家奥斯卡·摩根斯特恩（Oskar Morgenstern）合著《博弈论与经济行为》[①]，这本

① Von Neumann J, Morgenstern O. *The Theory of Games and Economic Behaviour* [M]. Princeton: Princeton University Press, 1944.

书概括了经济主体的典型行为特征，提出了战略型与广义型（扩展型）等基本的博弈模型、解的概念和分析方法，奠定了博弈论理论大厦的基石，不仅标志着经济博弈论的创立，也标志着现代系统博弈理论的初步形成。

对于合作、纯竞争型博弈，约翰·冯·诺依曼所解决的只有二人零和博弈问题——好比两个人下棋或者打乒乓球，一个人赢一局则另一个人必输一局，二人的净获利之和为零。在这里抽象化后的博弈问题是，已知参与者集合（两博弈方）、策略集合（所有棋局）和盈利集合（赢子、输子），能否找到一个理论上的“解”或“平衡”，也就是对参与双方来说都是最“合理”、最优的具体策略？怎样才是“合理”？应用传统决策论中的“最小最大”准则，即博弈的每一方都假设对方的所有策略的根本目的是使自己最大限度地失利，并据此最优化自己的对策。约翰·冯·诺依曼从数学上证明，通过一定的线性运算，对于每一个二人零和博弈，都能够找到一个“最小最大解”，竞争双方以概率分布的形式随机选择最优策略中的步骤，就可以使双方利益最大化。当然，其隐含的意义是这个最优策略并不依赖于对手在博弈中的策略。用通俗的话说，这个著名的“最小最大定理”所体现的基本“理性”思想是“抱最好的希望，做最坏的打算”。

博弈论根据其所采用的假设不同而分为合作博弈理论和非合作博弈理论。合作博弈理论主要研究人们达成合作时如何分配合作得到的收益，即收益分配问题，强调的是团体理性；而非合作博弈理论主要研究人们在利益相互影响的局势中如何选择策略使得自己的收益最大，即策略选择问题，强调的是个人理性。

目前经济学家谈到的博弈论主要指非合作博弈理论，也就是各方在给定的约束条件下如何追求各自利益最大化，最后达到均衡。在这一点上，博弈论和经济学家的研究模式是完全一样的。经济学越来越转向人与人关系的研究，特别是人与人之间行为的相互影响和相互作用，人与人之间的利益和冲突、竞争与合作，而这正是博弈论的研究对象。博弈论的历史与发展参见表 2. 1。

表 2.1　博弈论的历史与发展

年份	学者	研究内容
1944	约翰·冯·诺依曼和奥斯卡·摩根斯特恩	概括了经济主体的典型行为特征，提出了战略型与广义型（扩展型）等基本的博弈模型、解的概念和分析方法，奠定了博弈论理论大厦的基石，也标志着经济博弈论的创立。
1950	约翰·纳什	提出了“纳什均衡”的概念和证明纳什均衡存在性的纳什定理，发展了以纳什均衡概念为核心的非合作博弈的基础理论。
1950	艾伯特·塔克	提出“囚徒困境”模型，该模型能反映博弈问题的根本特征，并且可以解释众多经济现象。
1965	莱茵哈德·泽尔腾	提出“子博弈精炼纳什均衡”的思想。
1967～1968	约翰·海萨尼	构造不完全信息博弈理论。
1991	朱·弗登博格和让·梯若尔	最先提出了“精炼贝叶斯纳什均衡”的概念。
1996	詹姆斯·莫里斯和威廉·维克瑞	主要贡献是不对称信息条件下激励机制问题方面的基础性研究。
2005	罗伯特·奥曼	在决策制定理性观点方面有着杰出的贡献，通过博弈论分析改进了人们对冲突和合作的理解，对博弈论和其他许多经济理论的形成起到了重要的作用。
2005	托马斯·谢林	在新古典经济理论分析方法的基础上丰富和发展了现代博弈论，解决了如何处理冲突的问题。

2.2　非合作博弈论的提出与发展

非合作博弈（Non-cooperative Game）又称非合作决策，是指一种参与者没有达成具有约束力的协议的博弈类型，这是一种互不相容的情形，非合作博弈研究人们在利益相互影响的局势中如何做决策使自己的收益最大，即策略选择问题。

1950～1953 年，约翰·纳什（John Nash）发表了 4 篇关于非合作博弈论的重要论文①，彻底改变了人们对竞争和市场的看法。他提出了“纳什均衡”（Nash Equilibrium）的概念和均衡存在定理，从而揭示了博弈均衡与经济均衡的内在联系。他因此获得 1994 年诺贝尔经济学奖。

约翰·纳什对博弈论的巨大贡献，在于他开创性地提出了“纳什均衡”的基本概念，为更加普遍广泛的博弈问题找到了解。他证明了“纳什均衡”的存在性。“纳什均衡”的基本思想是：在这个解集中所有参与者的策略都是对其他参与者所用策略的最佳对策，没有人能够通过单方面改变自己的策略提高收益。他的这项理论工作使得博弈论从此成为经济学家用来分析商业竞争到贸易谈判等种种现象的有力工具。

“纳什均衡”首先对亚当·斯密（Adam Smith）的“看不见的手”的原理提出挑战。按照亚当·斯密的理论，在市场经济中，每一个人都从利己的目的出发，而最终全社会达到利他的效果。然而，从“纳什均衡”引出一个悖论：从利己目的出发，结果损人不利己。从这个意义上说，“纳什均衡”提出的理论实际上动摇了西方经济学的基石。因此，从“纳什均衡”中我们还可以得知：合作是有利的“利己策略”，但要以他人愿意的方式来对待他人，这就是我们常说的“己所不欲，勿施于人”。“纳什均衡”是一种非合作博弈均衡，在现实中非合作情况要比合作情况更普遍。②

“囚徒困境”（Prisoner's Dilemma）这个名字是由美国普林斯顿大学数学家艾伯特·W. 塔克（Albert W. Tucker）于 1950 年给出的。③

---

① Nash J F. Equilibrium Points in N-Person Games [J]. *Proceedings of the National Academy of Sciences*, 1950, 36 (1): 48 – 49; Nash J F. The Bargaining Problem [J]. *Econometrica*, 1950, 18 (2): 155 – 162; Nash J F. Non-Cooperative Games [J]. *Annals of Mathematics*, 1951, 54 (2): 286 – 295; Nash J F. Two-Person Cooperative Games [J]. *Econometrica*, 1953, 21 (1): 128 – 140.

② Mérö L. The Prisoner's Dilemma. In: Moral Calculations [M]. New York: Springer, 1998. pp. 28 – 47.

③ 禹海波编著. 管理方法论 [M]. 北京：中国财政经济出版社，2008.

2.3　博弈论与诺贝尔经济学奖

博弈论在经济学、政治科学、生物学和国际安全等领域的研究中具有重要的作用。在经济学领域，在 1994 ~ 2020 年的 27 年中有 8 次将诺贝尔经济学奖授予对博弈论有突出贡献的数学家和经济学家（见表 2.2），有 18 学者对博弈论做出过重要贡献。

表 2.2　博弈论研究领域获得诺贝尔经济学奖的情况

获奖年份	获奖学者	获奖原因
1994	约翰·纳什、莱茵哈德·泽尔腾和约翰·海萨尼	致力于博弈论的基础理论研究，对非合作博弈理论的产生和发展做出了巨大贡献。
1996	詹姆斯·莫里斯和威廉·维克瑞	前者在信息经济学理论领域做出了重大贡献，尤其是不对称信息条件下的经济激励理论。后者在信息经济学、激励理论、博弈论等方面都做出了重大贡献。
2001	乔治·阿克尔洛夫、迈克尔·斯宾塞和约瑟夫·斯蒂格利茨	运用博弈论研究信息经济学取得了重大成就，在研究不对称信息条件下市场运行机制方面做出了开创性贡献。
2005	罗伯特·奥曼和托马斯·谢林	在决策制定方面有着杰出的贡献，通过博弈论分析，促进了人们对冲突与合作的理解。
2007	莱昂尼德·赫维茨和埃里克·马斯金、罗杰·迈尔森	对“机制设计理论”的创立和发展以及博弈论的发展做出了卓越的贡献。
2012	埃尔文·罗斯和罗伊德·沙普利	通过博弈论研究资源的分配，在稳定配置理论及市场设计实践方面做出了重要贡献。
2014	让·梯若尔	运用博弈论和信息经济学分析了市场力量和监管问题，阐明了如何理解和监管垄断企业。
2020	保罗·米尔格罗姆和罗伯特·威尔逊	在“将博弈论用于改进拍卖理论和拍卖形式”方面做出了杰出贡献。

2.3.1　1994 年诺贝尔经济学奖获得者介绍

1994 年，约翰·纳什、莱茵哈德·泽尔腾（Reinhard Selten）和约翰·海萨尼（John Harsanyi）因致力于博弈论的基础理论研究，对非合作博弈理论的产生和发展做出巨大贡献而获得诺贝尔经济学奖。

约翰·纳什是著名的经济博弈论者。他建立了合作博弈中的讨价还价模型，在非合作博弈中提出了著名的“纳什均衡”。这一理论说明在多人参与博弈的情况下，每个人都选择一组应付对手的最佳战略。①

约翰·海萨尼将纳什均衡扩展到不完全信息博弈，提出每个博弈者都有不同的“化身”和私人信息，因此将因预期报酬的不同而选择不同的行为。人们只有经过谈判、交流信息增加信任，才能产生一致的行动。

莱茵哈德·泽尔腾将博弈理论动态化，提出了子博弈精炼纳什均衡的概念，要求组成精炼纳什均衡的战略选择，必须在每个子博弈中都是最优的。后来他又提出“颤抖手完美均衡”的概念，指出博弈参加者在选择重大战略时，最可能选择他所偏爱的战略。

2.3.2 1996年诺贝尔经济学奖获得者介绍

1996年，威廉·维克瑞（WilliamVickrey）和詹姆斯·莫里斯（James Mirrlees）因致力于博弈论的基础理论研究，对非合作博弈理论的产生和发展做出巨大贡献而获得诺贝尔经济学奖。前者在信息经济学理论领域做出了重大贡献，尤其是不对称信息条件下的经济激励理论。后者在信息经济学、激励理论、博弈论等方面都做出了重大贡献。

威廉·维克瑞首先从经济增长的角度研究税制，发现信息在国家和纳税人之间的不对称分布，因而提出国家对个人收入实行累进税率，将对纳税人的工作动机产生负面影响，从而提高税收的社会成本。②

詹姆斯·莫里斯在维克瑞税率理论的基础上，通过“莫里斯模型”说明提高个人所得税税率，将导致纳税人减少工作时间而增加闲暇时间，从而使社会总福利下降。因此，国家应实行不管收入多少税率都

① 董学章．历届诺贝尔经济学奖得主学术成就概览［J］．北方论丛，2002，（3）：54－57.

② 董学章．历届诺贝尔经济学奖得主学术成就概览［J］．北方论丛，2002，（3）：54－57.

一致的“单一税制”。

2.3.3　2001 年诺贝尔经济学奖获得者介绍

2001 年，三位学者乔治·阿克尔洛夫（George A. Akerlof）、迈克尔·斯宾塞（A. Michael Spence）和约瑟夫·斯蒂格利茨（Joseph Eugene Stiglitz）因运用博弈论研究信息经济学取得了重大成就，在研究不对称信息条件下市场运行机制方面做出了开创性贡献。

这三位学者提出的理论认为，公司的经理和董事会成员对公司盈利率的了解要大于股东，正如借款人比贷款人更了解其债务偿还的可能性一样。这种现象被他们概括为“柠檬”市场失衡理论，即借用美国使用“柠檬”一词指代有缺陷的二手车，解释人们为什么不信任二手车经销商。这一理论告诉人们，在商品市场上吃亏是因为你知道的（信息）比别人少。这一理论的实用价值非常广泛，既适用于个人求职、购物，也适用于传统的农业市场和现代的金融市场、房地产市场。它对发展中国家的经济决策和战略选择也有重要的指导意义。

2.3.4　2005 年诺贝尔经济学奖获得者介绍

2005 年，罗伯特·奥曼（Robert J . Aumann）和托马斯·谢林（Thomas C . Schelling）因在决策制定方面有着杰出的贡献，通过博弈论分析，促进了人们对冲突与合作的理解而获得诺贝尔经济学奖。

罗伯特·奥曼提出了“互动的决策论”，指在任意博弈中，局中人之间的决策与行为形成互为影响的关系，其中每个局中人在决策时必须考虑到对方的反应。当此种情景重复多次出现，甚至当参与各方面临直接的利益冲突时，因其中任意局中人的下一步反应都必须考虑其他人以前的行动，局中人之间逐渐建立合作。如果局中人都是理性的，则博弈论是互动条件下“最优理性决策”，即每个参与者都希望得到最大效用。完全信息的重复博弈论指信息对博弈中各方都是对称的，即没有任何一方可以通过单方面改变他的决策来获益。1966 年罗伯特·奥曼建立了不完全信息的重复博弈模型，为美国武器控制和裁军机构提供了可行性报告。在现实世界中，长期关系比偶然相遇更易于合作。在很大程度上重复博弈能促进合作和提高效率。当参与者越少、互动越频繁、关系越牢固、时间越长和信息越透明时，合作越易维持。①

托马斯·谢林提出了讨价还价和冲突管理理论。1960 年，谢林发表了他的代表作《冲突的战略》。谢林所说的讨价还价实际上是一个非零和博弈。讨价还价和冲突管理理论都涉及默契协调（Tacit Coordination）问题，这种协调有时是出于共同利益，有时是出于利益不一致。讨价还价就是任何一个博弈方通过影响对手类似的行为，避免两败俱伤的努力。讨价还价的指导原则是约束博弈各方未来行动的自由游戏规则，如价格始终围绕价值上下波动。通过这一规则，受约束的一方可以对另一方的多种行为做出反应。受约束的博弈方可以向对方发出威胁和承诺，声明自己不能再退步而让另一方让步。威胁与承诺是一个可信度的问题。如果博弈方认为对方发出的是可信的威胁与承诺，则会认真考虑对方的威胁和承诺并做出反应，否则，根本不予理睬。谢林将冲突管理理论广泛地用于研究核战略决策。②

2.3.5 2007 年诺贝尔经济学奖获得者介绍

由莱昂尼德·赫维茨（Leonid Hurwicz）创立，经埃里克·马斯金（Eric Maskin）和罗杰·迈尔森（Roger B. Myerson）进一步发展的机制设计理论，加深了在不完全竞争市场、不完全信息市场等情况下，人们对优化分配机制的属性、个人动机和私人信息的理解，而且还帮助人们寻找其他机制来改进市场的作用。他们因此获得 2007 年诺贝尔经济学奖。

在莱昂尼德·赫维茨看来，机制就是各博弈方彼此进行信息交换

---

① 李春风，单瑜．罗伯特·奥曼和托马斯·谢林的博弈论与经济学——2005 年诺贝尔经济学奖得主的理论贡献述评［J］. 云南财贸学院学报（社会科学版），2005，（5）：15－16.

② 李春风，单瑜．罗伯特·奥曼和托马斯·谢林的博弈论与经济学——2005 年诺贝尔经济学奖得主的理论贡献述评［J］. 云南财贸学院学报（社会科学版），2005，（5）：15－16.

的通信系统，每个人都可以在这个机制中采取策略性的行动，即为了获得最大的预期效用或收益，博弈方可以隐藏对自己不利的信息或者发送错误信息。机制正如收集并处理所有这些信息的机器，规定了信息博弈的行为规则，针对收集到的信息计算出博弈的均衡解。不同机制的比较，实际上就是对信息博弈的不同均衡解的比较。也就是说，在不影响每个参与者追求个人利益的激励约束下，制度设计者可以设计出公共产品“反搭便车”的内生机制，把个人目标与社会目标加以“合成”，以调配并激励私人的力量为了实现公众的目标而奋斗。由此可见，机制设计理论主要研究在自由选择、自愿交换、信息不完全等分散化决策条件下，对于任意给定的一个经济或社会目标，设计出一种经济机制（博弈规则），使经济活动参与者的个人利益和制度设计者的既定目标相吻合。从研究路径和方法来看，传统经济分析把市场机制看作给定的，而机制设计理论把社会目标作为已知的，试图寻找实现既定社会目标的经济机制。①

埃里克·马斯金将博弈论引入经济制度的分析中，证明了纳什均衡实施的充分和必要条件，为寻找可行的规则提出了一种标准，这项结果又被称为“马斯金定理”。简单地说，实施理论就是给出所有纳什均衡都是帕累托最优（或激励有效）的机制的充分必要条件。其目的在于为机制施加一些条件，使得其纳什均衡都是最优的。

在纳什均衡行为假设下，埃里克·马斯金给出了能被实施的社会选择规则一定是满足单调性的条件，即为著名的“马斯金单调性”。埃里克·马斯金单调性指的是，如果社会选择规则选择了某个选项，那么在所有人都没有降低对这个选项的偏好的情况下，这个选项将总是社会选择的结果；同时，如果单调性和没有否决权条件（如果其他参与者都同意某项配置方案，那么就没有人拥有否定该项配置方案的权力）同时满足，并且至少有三个参与者，那么纳什均衡实施就是可能的。因为在具有至少三个参与者的私人商品经济中，如果每个人的效

① 汪红梅，贺尊. 2007 年诺贝尔经济学奖得主学术贡献述评——信息与激励：看得见的机制设计［J］. 当代经济，2008，(3)：4－6.

用函数是单调的，则不存在任何资源配置方案，使得它对于一个以上的参与者同时是最好的，从而个人“没有否决权”的条件显然得到满足。马斯金不仅考虑了完全信息博弈中的纳什均衡，而且其结论还适用于不完全信息博弈中的贝叶斯纳什均衡。

在贝叶斯博弈的条件下，迈尔森于 1979 年提出显示原理，这是在参与者掌握私人信息时进行博弈设计的重要工具。显示原理的贡献在于降低了机制设计问题的复杂程度，简化对贝叶斯博弈的分析。显示原理的另一贡献是将赫维茨不可能定理一般化为贝叶斯纳什均衡。当参与者有私人信息时，经典意义上的帕累托最优一般是不可能得到的，需要引入一个“激励有效”的标准，而这一概念工具的提出，动摇了帕累托最优效率标准的强势地位，使得效率标准更加符合现实世界，更加易于衡量和评价。如果直接机制能够在激励相容约束下使主体预期加权支付最大化，那么它就是激励有效的。研究者回答了赫维茨论文中不能回答的一些关键问题，即市场机制是否激励有效。①

2.3.6 2012 年诺贝尔经济学奖获得者介绍

2012 年，埃尔文·罗斯（Alvin Roth）和罗伊德·沙普利（Lloyd S. Shapley）通过博弈论研究资源的分配，在稳定配置理论及市场设计实践上做出了重要贡献，从而获得诺贝尔经济学奖。

罗伊德·沙普利生于 1923 年 6 月 2 日，是美国著名的数学家和经济学家，在美国加州大学洛杉矶分校担任数学和经济学教授，在数理经济学与博弈论领域做出了卓越贡献。在 20 世纪 40 年代的冯·诺依曼和奥斯卡·摩根斯特恩之后，沙普利被认为是博弈论领域最出色的学者。②

由于人类历史的发展，理性的主体为了获取更大的利益，会采取

① 汪红梅，贺尊. 2007 年诺贝尔经济学奖得主学术贡献述评——信息与激励：看得见的机制设计［J］. 当代经济，2008，(3)：4-6.

② 何伟军，袁亮，吴霞. 稳定匹配和市场设计——2012 年诺贝尔经济学奖得主的学术贡献［J］. 商业时代，2013，(18)：7-8.

联盟的形式使得其中至少一方的利益得以增加而不损害联盟者的利益，从而就产生了合作博弈。与非合作博弈相比，合作博弈很难就利益的分配达成一致，从而使得合作博弈缺少了关键的基础。为了解决这个问题，沙普利在其论文《核与不可分割性》（On Cores and Indivisibility）提出了一个解决方案——“沙普利值”，沙普利值的核心就在于利益的分配取决于其对联盟的边际贡献。时至今日，沙普利值在合作博弈领域仍然被广泛运用。

沙普利值的产生使得合作博弈有了理论基础，而沙普利更大的贡献体现在对市场匹配的贡献上，他和盖尔教授设计了 GS 算法（Gale-Shapley 算法，也称递延接受算法），从而可以很好地稳定市场，所谓稳定就是不存在这样两个市场主体，它们都更中意于他人，胜过它们当前的另一半匹配对象。

埃尔文·罗斯生于 1951 年，是哈佛大学经济学系教授。中国人民大学出版社翻译并出版了罗斯主编的《经济学中的实验室实验：六种观点》，该书介绍了市场中常常出现的讨价还价现象和理论、三人博弈实验中的公平和联盟讨价还价、选择心理学与经济学假设、确定性和不确定性条件下的个体选择问题、实验方法的一些政策应用等。

埃尔文·罗斯的实证实验大多建立在沙普利的理论研究基础之上，罗斯此次获奖主要归功于他把稳定分配理论运用到了市场的实践当中，解决了很多棘手的问题，并且效果很好。在长期的研究工作中，罗斯认为沙普利的基础理论可作为设计市场运作方式的理论依据。在沙普利 65 岁生日时，剑桥大学收集沙普利的大量文献，由罗斯主编了《沙普利值：纪念罗伊德·沙普利的文章集》（*The Shapley Value：Essays in Honor of Lloyd S. Shapley*）一书，其中详细地介绍了沙普利在博弈论方面的理论贡献，并有针对性地介绍了沙普利值的发展与创新。

埃尔文·罗斯的论文大多通过实验经济学的方法得出一些结论，虽然实验结果可能出现不一致现象，但是长期而言增强了对研究课题的说服力。

2.3.7 2014年诺贝尔经济学奖获得者介绍

2014年，让·梯若尔（Jean Tirole）因运用博弈论和信息经济学分析了市场力量和监管问题，阐明了如何理解和监管垄断企业而获得诺贝尔经济学奖。

让·梯若尔1953年出生于法国巴黎，1978年获巴黎第九大学应用数学博士学位后，赴美国麻省理工学院（MIT）继续深造，1981年获经济学博士学位。1998年和2001年分别当选世界经济计量学会主席和欧洲经济学会主席。他先后在哈佛大学、斯坦福大学担任客座教授。梯若尔被誉为当代"天才经济学家"，他在经济学各个新领域成果丰富，从博弈论、产业组织理论、激励规制理论到公司金融、国际金融等都取得了重大研究成果。从事经济学研究的30多年间，梯若尔在国际权威经济学期刊上发表了高水平的学术论文300多篇，出版了教材和专著10余部，其代表性著作有《博弈论》《产业组织理论》《政府采购与规制中的激励理论》《电信竞争》《公司金融》《金融危机、流动性与国际货币体制》等。梯若尔研究中最为突出的是如何理解与规范存在少数大企业的行业，其研究为完善市场调控，尤其是有效调控一些寡头垄断行业提供了极具参考性的理论工具。[①]

让·梯若尔和朱·弗登博格合作出版了著作《博弈论》（*Game of Theory*）[②]，其中囊括了迄今为止除演化博弈外所有的博弈论理论和方法，代表了博弈论发展的最高水平，系统地探讨了非合作博弈理论，其中不仅包括策略式博弈、纳什均衡、子博弈完美性、重复博弈以及不完全信息博弈等常规内容，而且包括马尔可夫均衡这类非常规内容，并给出了许多应用例子，多年来无人超越。让·梯若尔和朱·弗登博格提出不完全信息条件下动态博弈中可观察行动的多阶段博弈。在先验分布、后验信念、贝叶斯法则以及信息传递等假设条件下，得出了

---

① 隗祖敏，田颖.2014年诺贝尔经济学奖得主梯若尔学术贡献述评［J］.吉林工商学院学报，2015，31（2）：23－28.

② Fudenberg D，Tirole J. *Game Theory*［M］. Boston：MIT Press，1991.

完美贝叶斯均衡（PBE），其既可以解释混合均衡原理，也可以运用到多代理人机制设计问题，使博弈论体系发展趋于完善。[①]

让·梯若尔对经济理论贡献的特点是：以大量难以处理的文献资料为基础，建立了偏好、技术和信息不对称等基本假设，梳理了以现实具体条件为依托的理论分析新标准，通过精心设计的模型刻画了实际经济环境的本质特征，使其一系列结论和政策具备坚实基础。他独获 2014 年诺贝尔经济学奖，不仅表明其学术贡献被认可，还表明其理论研究对现实问题有良好的适应性，这是未来研究的发展方向，也是现代经济社会问题对经济学研究提出的重大挑战。

2.3.8　2020 年诺贝尔经济学奖获得者介绍

2020 年，保罗·米尔格罗姆（Paul Milgrom）和罗伯特·威尔逊（Robert Wilson）因在改进拍卖理论和拍卖形式方面做出的杰出贡献而获得诺贝尔经济学奖。诺贝尔经济学奖评审委员会在颁奖词中指出，他们研究了拍卖理论的运行规律，并将研究发现用于设计新的拍卖形式，最终使得世界各地的卖方、买方和纳税人都能从中受益。经济学家通常将拍卖作为市场化资源配置机制的代表，而拍卖理论的研究和拍卖机制的设计与应用是学术与现实紧密结合的典范。两位诺贝尔经济学奖得主在拍卖理论研究上的贡献很好地体现了经济学基础理论应用于实践的指导意义。[②]

保罗·米尔格罗姆 1948 年出生于美国密歇根州底特律，父母都是犹太人，1970 年在密歇根大学获得数学本科学位之后做了几年保险精算师的工作，1975 年进入斯坦福大学学习并于 1979 年获得博士学位。他先后任教于西北大学和耶鲁大学，1987 年回到斯坦福大学，在经济系任教至今，现为斯坦福大学人文科学讲席教授。因其学术成就，他

---

① Fudenberg D, Tirole J. Perfect Bayesian Equilibrium and Sequential Equilibrium [J]. *Journal of Economic Theory*, 1991, 53 (2): 236 - 260.

② 许敏波. 米尔格罗姆和威尔逊对拍卖理论的贡献——2020 年度诺贝尔经济学奖得主获奖成就评介 [J]. 经济学动态, 2020, (12): 140 - 154.

当选美国人文与科学院院士、美国国家科学院院士和美国经济学联合会杰出会士，曾经担任美国西部经济学国际联合会主席、美国经济学联合会副主席，荣获斯德哥尔摩经济学院荣誉博士学位，2013 年获得 BBVA 基金会“知识前沿奖”，2014 年和 2018 年分别与威尔逊一起获得“金鹅奖”和约翰·卡蒂科学进步奖。

罗伯特·威尔逊主要研究博弈论及其在商业和经济学中的应用，研究主题包括机制设计、定价理论以及其他产业组织和信息经济学相关问题。除了在拍卖理论上取得的重要成就外，他在动态博弈的序贯均衡及非线性定价等问题上的研究也非常突出。米尔格罗姆从博士论文开始研究拍卖理论，同时，在现代微观经济学的多个领域都做出了杰出贡献，包括拍卖理论、激励理论、产业经济学、经济史、组织经济学和博弈论等。

2.4 非合作博弈的分类及其表示

本节从信息和行动顺序两个方面介绍非合作博弈的分类及其表示。

1. 非合作博弈的分类

非合作博弈可以分为四种不同的类型：完全信息静态博弈、完全信息动态博弈、不完全信息静态博弈、不完全信息动态博弈（见表 2.3）。[①]

表 2.3 博弈的分类及对应的概念

行动顺序 / 信息类型	静态	动态
完全信息	完全信息静态博弈	完全信息动态博弈
不完全信息	不完全信息静态博弈	不完全信息动态博弈

完全信息是指每一个博弈方都拥有所有博弈方的特征、策略集及得益函数等方面的准确信息。不完全信息是指对其他博弈方的特征、策略集及得益函数信息了解得不够准确，或者不是对所有博弈方的特

① 张维迎. 博弈与社会［M］. 北京：北京大学出版社，2013.

征、策略空间及得益函数都有准确的信息。静态博弈是指博弈中博弈方同时采取行动，或者尽管博弈方行动的采取有先后顺序，但后行动的人不知道先行动一方采取的是什么行动。动态博弈是指博弈方的行动有先后顺序，而且后行动一方可以观察到先行动一方的选择，并据此做出相应的选择。

2. 博弈的表示

一个有 n 个博弈方的博弈可表示为 $G=\{N,\ S,\ \pi_i,\ i\in N\}$，其中 $N=\{1,\ 2,\ \cdots,\ n\}$，n 是正整数，$S=S_1\times S_2\times\cdots\times S_i\times\cdots\times S_n$，$S_i$表示博弈方 i 的策略集合，π_i 表示博弈方 i 的得益，$i\in N$。

例如，本书例 3.1 囚徒困境中有两个博弈方，分别是囚徒 1 和囚徒 2，该博弈表示为 $G=\{N,\ S,\ \pi_i,\ i\in N\}$，其中 $N=\{1,\ 2\}$，用 C 表示坦白，用 D 表示抵赖，$S_1=S_2=\{C,\ D\}$，

$$\pi_1(C,C)=-8,\pi_1(C,D)=0,\pi_1(D,C)=-10,\pi_1(D,D)=-1 \quad (2-1)$$

$$\pi_2(C,C)=-8,\pi_2(C,D)=-10,\pi_2(D,C)=0,\pi_2(D,D)=-1 \quad (2-2)$$

2.5　博弈论在企业管理中的作用

博弈论中的理论与方法在企业管理中有广泛的作用，主要体现在竞争战略管理、技术创新战略管理、人力资源管理和跨国经营战略等方面。

首先，博弈论能帮助企业制定科学的竞争战略。面对激烈的市场竞争，企业、竞争对手、顾客、供应商、潜在进入者和政府都是博弈的局中人。企业应该对市场中其他竞争对手进行对比分析，对自身的优劣势、各项内部条件进行全面分析来确定核心竞争力。同时，还要获取顾客、供应商、潜在进入者和政府等相关信息。运用博弈论进行分析，获得的结果可以成为企业制定相应竞争战略的理论依据，帮助企业提升在市场中的竞争能力。

其次，博弈论能帮助企业实施技术创新战略。技术创新是企业赖以生存和赢得市场竞争的基础，可以帮助企业进行产品升级。博弈论

使技术创新战略管理的研究出现了飞跃，深化了技术创新的激励机制。可以通过博弈论中的静态以及动态模型分析企业技术创新的决策过程，其中，动态博弈可以有效分析市场中的经济行为，模拟利益各方的竞争过程及预测最终结果。研究结果表明，市场收益以及投入成本等因素会影响企业技术创新决策，这为企业发展提供了一定的理论和经验借鉴。

再次，博弈论能帮助企业很好地解决人力资源管理问题。将博弈论应用于人力资源管理，不仅使企业在人才市场的竞争中处于主动地位，而且有利于企业加强内部人事管理，充分发挥员工的积极性，减少个体摩擦，增强团队精神，从而大大增强企业的竞争力。博弈论优化了传统的激励机制，使其更加公平、合理、有效，进而充分挖掘人力资源。博弈论还给竞赛制度提供了许多改进措施，如限制参赛人数以免降低激励效果等。企业运用博弈论可以激发员工的工作积极性，从而优化配置公司的人力资源。

最后，博弈论有助于企业开展跨国经营。在以往的国际市场竞争中，竞争各方互不相容，非零和合作博弈给当今跨国公司提供了新的思路。跨国公司在各行业的机构相互交织，双方有可能结成同盟或伙伴关系，许多跨国公司从这种新型关系中获得的收益已远远超过组织重构所获得的成本缩减效益。通过合作，双方实现优势互补和风险分散，合作博弈带来的总收益大于不合作博弈带来的总收益。此外，将博弈论应用于企业跨国并购的决策分析中，有助于提高跨国并购的成功率，提升跨国并购双方企业的价值，从而促进社会资源的有效利用。

习题

1. 介绍一至三位对非合作博弈理论做出重要贡献的学者。

2. 介绍一至两位与博弈论相关的诺贝尔经济学奖获得者及其研究贡献。

3. 指出现代博弈分类的依据，它包括哪四类？

4. 指出博弈论在企业管理中有哪几种作用，并具体说明博弈论对企业制定科学的竞争战略的作用。

Ⅱ 理论篇

第3章　非合作完全信息静态博弈模型（Ⅰ）及其求解方法

本章介绍非合作完全信息静态博弈模型中有限策略集合博弈模型及其求解方法，主要分为三个部分：一是经典的博弈模型实例分析，包括囚徒困境和智猪博弈等；二是纳什均衡提出的背景及其定义；三是混合策略纳什均衡博弈模型，包括猜硬币博弈和美女硬币博弈等。

3.1　经典的博弈模型实例分析

有限策略集合博弈模型中，策略集合元素都是有限个的，这是最简单的完全信息博弈模型。本节介绍有限策略集合博弈模型中两个经典的实例：一个是囚徒困境，另一个是智猪博弈。

1950年，斯坦福大学客座教授、数学家艾伯特·塔克（Albert Tucker）提出了“囚徒困境”（Prisoner's Dilemma）模型。[①]

这是艾伯特·塔克在给心理学专业学生的讲座中提出的。“囚徒困境”是博弈论中的一个著名模型，它揭示了个人最佳选择并非团体的最佳选择，反映了博弈问题的根本特征，是研究经济效率问题非常有效的模型。

例3.1　囚徒困境　经典的囚徒困境如下：两个犯罪嫌疑人作案后被警察抓住，但没有足够证据指控二人犯罪，他们被分别关在不同的

① Mérö L. The Prisoner's Dilemma. In: Moral Calculations [M]. New York: Springer, 1998, pp. 28 - 47.

屋子里审讯。警察告诉他们：(i) 如果两个人都坦白（Confess），各判刑8年；(ii) 如果两个人都抵赖（Deny），各判刑1年（或许是因为证据不足）；(iii) 如果其中一个人坦白而另一个人抵赖，坦白的放出去，不坦白的判刑10年（“坦白从宽，抗拒从严”）。囚徒困境得益矩阵见表3.1。

表3.1 囚徒困境得益矩阵

犯罪嫌疑人1 \ 犯罪嫌疑人2	坦白	抵赖
坦白	(-8, -8)	(0, -10)
抵赖	(-10, 0)	(-1, -1)

该模型有两个主要假设：

一是犯罪嫌疑人1和2是完全理性的，即追求自身利益最大化；

二是犯罪嫌疑人1和2之间是非合作的，即他们之间没有达成一种使双方均不承认犯罪的协议。

问题：两名犯罪嫌疑人选择坦白或是抵赖？

下面介绍求解囚徒困境的三种方法，分别是决策树法、划线法和下策消去法。

方法1：决策树法[①]

两名犯罪嫌疑人可选择的策略分别是：坦白（C）、抵赖（D），站在犯罪嫌疑人1的角度来看，决策树如下图3.1所示。

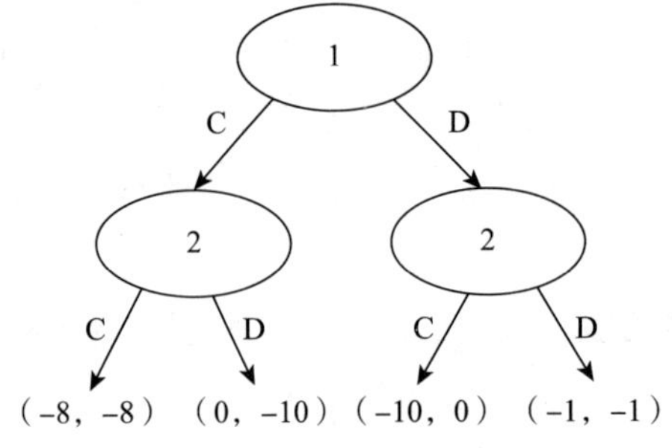

图3.1 囚徒困境决策树

① 谢识予编著．经济博弈论［M］.3版．上海：复旦大学出版社，2007.

首先，站在犯罪嫌疑人 1 的角度来看：（a）当犯罪嫌疑人 1 选择 C（坦白）时，犯罪嫌疑人 2 有两个选择，选择 C（坦白）时的得益是 -8，而选择 D（抵赖）时的得益是 -10，由于 -8 大于 -10，所以犯罪嫌疑人 2 选择 C（坦白）比选择 D（抵赖）好；（b）当犯罪嫌疑人 1 选择 D（抵赖）时，犯罪嫌疑人 2 有两个选择，选择 C（坦白）时的得益是 0，而选择 D（抵赖）时的得益是 -1，由于 0 大于 -1，所以犯罪嫌疑人 2 选择 C（坦白）比选择 D（抵赖）好；由此可见，无论犯罪嫌疑人 1 选择 C（坦白）或 D（抵赖），犯罪嫌疑人 2 都选择 C（坦白），坦白是犯罪嫌疑人 2 最好的策略（上策）。

同理，站在犯罪嫌疑人 2 的角度来看，无论犯罪嫌疑人 2 选择 C（坦白）或 D（抵赖），犯罪嫌疑人 1 都选择 C（坦白），坦白是犯罪嫌疑人 1 最好的策略（上策），见图 3.2。

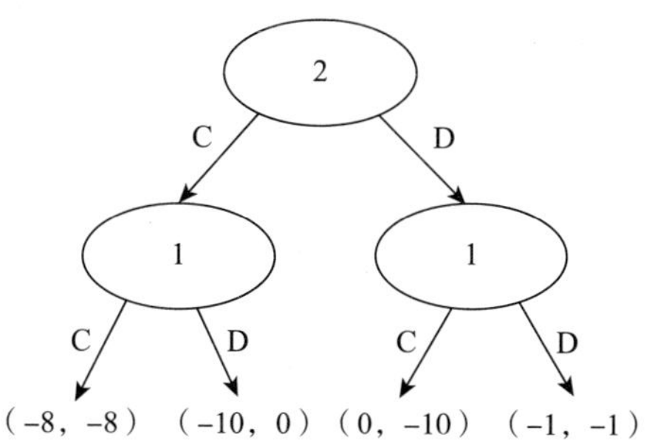

图 3.2　囚徒困境决策树

所以“囚徒困境”的结果为犯罪嫌疑人 1 和 2 都选择 C（坦白），该博弈的策略组合是（坦白，坦白）。

方法 2：划线法①

站在犯罪嫌疑人 1 的角度来看：（a）当犯罪嫌疑人 2 选择 C（坦白）时，从表 3.2 的第二列看，犯罪嫌疑人 1 选择 C（坦白）时的得益是 -8，而选择 D（抵赖）时的得益是 -10，由于 -8 大于 -10，在得益矩阵左上角犯罪嫌疑人 1 的得益 -8 下面划线；（b）当犯罪嫌疑

① 谢识予编著．经济博弈论［M］.3 版．上海：复旦大学出版社，2007.

人2选择D（抵赖）时，从表3.2的第三列看，犯罪嫌疑人1选择C（坦白）时的得益是0，而选择D（抵赖）时的得益是-1，由于0大于-1，在得益矩阵右上角犯罪嫌疑人1的得益0下面划线。

表3.2 囚徒困境得益矩阵——划线法

犯罪嫌疑人1 \ 犯罪嫌疑人2	坦白	抵赖
坦白	(-8, -8)	(0, -10)
抵赖	(-10, 0)	(-1, -1)

同样，站在犯罪嫌疑人2的角度来看：（a）当犯罪嫌疑人1选择C（坦白）时，从表3.2的第二行看，犯罪嫌疑人2选择C（坦白）时的得益是-8，而选择D（抵赖）时的得益是-10，由于-8大于-10，在得益矩阵左上角犯罪嫌疑人2的得益-8下面划线；（b）当犯罪嫌疑人1选择D（抵赖）时，从表3.2的第三行看，犯罪嫌疑人2选择C（坦白）时的得益是0，而选择D（抵赖）时的得益是-1，由于0大于-1，所以在得益矩阵左下角犯罪嫌疑人2的得益0下面划线。

因此，表3.2中得益矩阵左上角两个数字下方都有划线，所以最终结果是策略组合（坦白，坦白）。

方法3：下策消去法①

站在犯罪嫌疑人1的角度来看：（a）当犯罪嫌疑人2选择C（坦白）时，犯罪嫌疑人1选择C（坦白）时的得益是-8，而选择D（抵赖）时的得益是-10，犯罪嫌疑人1选择C（坦白）时的得益大于选择D（抵赖）时的得益；（b）当犯罪嫌疑人2选择D（抵赖）时，犯罪嫌疑人1选择C（坦白）时的得益是0，而选择D（抵赖）时的得益是-1，犯罪嫌疑人1选择C（坦白）时的得益大于选择D（抵赖）时的得益。因此，对犯罪嫌疑人1来说，D（抵赖）是下策，将表3.3中最后一行划去。

① 谢识予编著. 经济博弈论［M］. 3版. 上海：复旦大学出版社，2007.

同理，站在犯罪嫌疑人2的角度来看，D（抵赖）是下策，将表3.3中最后一列划去。

表3.3 囚徒困境得益矩阵——下策消去法

犯罪嫌疑人1 \ 犯罪嫌疑人2	坦白	抵赖
坦白	(-8, -8)	(0, -10)
抵赖	(-10, 0)	(-1, -1)

此时表3.3的得益矩阵仅剩下左上角，这表明两个犯罪嫌疑人均坦白，所以最终结果是策略组合（坦白，坦白）。

以上三种不同的方法均得到了同样的结果，即两个犯罪嫌疑人均坦白。其中，决策树法比较直观，划线法与下策消去法类似，两种方法的共同特点是简单。这三种方法都适合初学者，可用于解决类似于囚徒困境的博弈问题。

囚徒困境模型有两个管理启示：一是它揭示了个体理性与团体理性之间的矛盾，即从个体利益出发的行为往往不一定能实现团体的最大利益；二是它揭示了个体理性本身的内在矛盾，即从个体利益出发的行为最终不一定能真正实现个体利益最大化。

囚徒困境模型是博弈论中一个基本的、典型的事例，在许多现实情况下都会出现，如国家之间的战争、寡头竞争、军备竞赛、团队生产中的劳动供给、公共产品的供给等。

2015年，美国某航空公司与其竞争对手发生价格战，廉价的机票使乘客获益，但给两家航空公司带来巨大的成本压力。随着价格战愈演愈烈，两家航空公司都面临严重的亏损，甚至破产倒闭。完全理性的航空公司以自身利益最大化为目标，但价格战没有使其自身利益最大化，该航空公司与其竞争对手陷入“囚徒困境”。

下面介绍另一个经典的博弈模型——智猪博弈。

有一个著名实验：将猪圈两头各安一个拱杆和一个带喷嘴的食槽。拱杆被拱，则喷猪食。经观察，圈中大小两猪的稳定行为是小猪等大猪拱[①]。这个模型被称为智猪博弈（Boxed Pigs Game），并被简化为：两头各安一个踏板一个带喷嘴食槽的猪圈内有大小两头猪。踏一下踏板需付 2 单位成本且喷出 10 单位猪食。大猪先到槽边可吃 9 单位，小猪先到可吃 4 单位，两猪同到则大猪吃到 7 单位，来食即吃且可两猪同吃。本书将此模型称为拉斯穆森（Rasmusen）原始模型，并在例 3.2 中介绍。

智猪博弈很好地解释了现实生活中大企业与小企业之间的“搭便车”行为，揭示了企业管理中的一些现象。

例 3.2 智猪博弈[②] 假设猪圈里有两头猪，一头大猪，一头小猪，猪圈的一端有一个猪食槽，另一端安装了一个按钮，控制猪食的供应。按一下按钮，将有 10 个单位的猪食进入猪食槽，供两头猪食用。两头猪均面临两个选择策略：按按钮或等待。如果某一头猪做出按按钮的选择，它必须付出如下代价：第一，它需要付出 2 个单位的成本；第二，由于猪食槽远离按钮，它将比另一头猪后到猪食槽，从而吃食的数量减少。假定若大猪先到达猪食槽（小猪按按钮），大猪将吃到 9 个单位的猪食，小猪只能吃到 1 个单位的猪食；若小猪先到达猪食槽（大猪按按钮），大猪将吃到 6 个单位的猪食，小猪吃到 4 个单位的猪食；若两头猪同时按按钮，大猪吃到 7 个单位的猪食，小猪吃到 3 个单位的猪食；若两头猪同时到达猪食槽（两头猪都选择等待），则两头猪都吃不到猪食。不同策略组合的得益矩阵见表 3.4，如两头猪同时按按钮、同时到达猪食槽，大猪吃到 7 个单位的猪食，小猪吃到 3 个单位的猪食，扣除 2 个单位的成本，得益分别为 5 和 1，其他情形可以依此类推。智猪博弈猪圈示意图见图 3.3。问题：两头猪如何选择策略对自己最有利？

解决囚徒困境模型的三种方法均可以用来解决智猪博弈模型，这里用划线法解决智猪博弈模型。

---

① Baldwin B A, Meese G B. Social Behavior in Pigs Studied by Means of Operant Conditioning [J]. Animal Behavior, 1979, 27 (3): 947 -957.

② Rasmusen E. Games and Information: An Introduction to Game Theory [M]. New York: Wiley-Blackwell, 1989.

表 3.4 智猪博弈得益矩阵

大猪 \ 小猪	按按钮	等待
按按钮	(5, 1)	(4, 4)
等待	(9, −1)	(0, 0)

图 3.3 智猪博弈行动示意图（踩踏板即按按钮）

解： 根据划线法可得智猪博弈的得益矩阵表 3.5。

表 3.5 智猪博弈得益矩阵——划线法

大猪 \ 小猪	按按钮	等待
按按钮	(5, 1)	($\underline{4}$, $\underline{4}$)
等待	($\underline{9}$, −1)	(0, $\underline{0}$)

站在大猪的角度来看：（a）当小猪选择按按钮时，从表 3.5 的第二列看，大猪选择按按钮时的得益是 5，选择等待时的得益是 9，由于 5 小于 9，在得益矩阵左下角大猪的得益 9 下面划线；（b）当小猪选择等待时，从表 3.5 的第三列看，大猪选择按按钮时的得益是 4，选择等待时的得益是 0，由于 4 大于 0，在得益矩阵右上角大猪的得益 4 下面划线。

站在小猪的角度来看：（a）当大猪选择按按钮时，从表 3.5 的第二行看，小猪选择按按钮时的得益是 1，选择等待时的得益是 4，由于 1 小于 4，在得益矩阵右上角小猪的得益 4 下面划线；（b）当大猪选择等待时，从表 3.5 的第三行看，小猪选择按按钮时的得益是 −1，选择等待时的得益是 0，由于 −1 小于 0，在得益矩阵右下角小猪的得益 0 下面划线。

因此，表 3.5 右上角两个数字下方都有划线，所以最终结果为

（按按钮，等待）。

注 3.1 智猪博弈对应股份制企业的例子。大小股东都承担着监督经理人的职责，在监督成本相同的情况下，大股东从中获得的收益一般大于小股东。小股东存在“搭便车”的行为，这是小股东的占优策略，但是大股东独自承担监督成本是在小股东做出占优选择情况下的最优策略，这便与智猪博弈一样，从净收益来看，小股东（小猪）的得益大于大股东（大猪）。

注 3.2 智猪博弈对应同一市场上大型和小型企业竞争的例子。大企业对应大猪，小企业对应小猪。在小企业的经营中，如果能够让大企业首先开发市场，便可以利用各种有利的条件使其为自己服务，“搭便车”行为可以给小企业节省很多不必要的费用。

例 3.3 “减量加移位”的智猪博弈。将例 3.2 智猪博弈中的条件换成“减量加移位方案”，即投食量仅为原来的一半（5 单位的猪食），同时将投食口移动到按钮附近（若选择按按钮则付出 1 个单位的成本），结果小猪和大猪都抢着按按钮。假定若大猪、小猪同时按按钮，则大猪将吃到 3 个单位的猪食，小猪只能吃到 2 个单位的猪食；若大猪按按钮（小猪选择等待），则大猪吃 5 个单位的猪食，小猪吃不到猪食；若小猪按按钮，大猪选择等待，则小猪吃 5 个单位的猪食，大猪吃不到猪食；若大猪、小猪同时选择等待，则两头猪都吃不到猪食。表 3.6 是不同策略组合的得益矩阵。问题：两头猪如何选择策略来使结果对自己最有利？

表 3.6 “减量加移位”智猪博弈得益矩阵

大猪＼小猪	按按钮	等待
按按钮	$(\underline{2}, \underline{1})$	$(\underline{4}, 0)$
等待	$(0, \underline{4})$	$(0, 0)$

根据划线法可知，（按按钮，按按钮）是“减量加移位”方案下智猪博弈的纳什均衡。

注 3.3 结合例 3.2 和例 3.3 可知，“减量加移位”方案可以避免小猪的“搭便车”行为。对于企业而言，“搭便车”行为使企业的资源没有得到充分利用，企业可重新设计激励制度，采取“减量加移位”的方法，直接针对个人进行奖励。

3.2　纳什均衡

本节介绍纳什均衡的定义、纳什定理及博弈论中的求解方法反应函数法。

下面给出纳什均衡（Nash Equilibrium）的定义，定义 3.1 证明了均衡解的存在性，从而揭示了博弈均衡与经济均衡的内在联系。

定义 3.1　纳什均衡①②

用 $G=\{S_1, S_2; \pi_1, \pi_2\}$ 表示一个两人博弈，其中 S_i 表示第 i 个博弈方的策略集合，π_i 表示第 i 个博弈方的得益函数，$i=1$，2，如果由各个博弈方的各一个策略组成的某个策略组合（s_1^*，s_2^*）中，任一博弈方 i 的策略 s_i^*，$i=1$，2，都是对其余博弈方策略组合的最佳对策，也即：

$$\pi_1(s_1^*, s_2^*) \geqslant \pi_1(s_1, s_2^*) \text{对所有 } s_1 \in S_1 \text{ 都成立} \quad (3-1)$$

$$\pi_2(s_1^*, s_2^*) \geqslant \pi_2(s_1^*, s_2) \text{对所有 } s_2 \in S_2 \text{ 都成立} \quad (3-2)$$

则称（s_1^*，s_2^*）为博弈 G 的一个“纳什均衡”。

注 3.4　在本书第二章（2－1）和（2－2）式满足

$$\pi_1(C, C) > \pi_1(D, C) \quad (3-3)$$

$$\pi_2(C, C) > \pi_2(C, D) \quad (3-4)$$

其中 C 表示坦白，D 表示抵赖。上述不等式（3－3）和（3－4）表明，囚徒困境的结果是两个犯罪嫌疑人均坦白，即策略组合是（坦

① Nash J F. Equilibrium Points in N-Person Games [J]. Proceedings of the National Academy of Sciences, 1950, 36 (1): 48－49.

② Nash J F. Non-Cooperative Games [J]. Annals of Mathematics, 1951, 54 (2): 286－295.

白，坦白）。根据定义3.1可知，（坦白，坦白）也是囚徒困境的纳什均衡。

注3.5 本书例3.2智猪博弈中有两个博弈方，分别是大猪和小猪，用 π_1（X，Y）表示当大猪选择 X 策略小猪选择 Y 策略时大猪的得益，π_2（X，Y）表示当大猪选择 X 策略小猪选择 Y 策略时小猪的得益，则：

$$\pi_1(\text{按按钮，按按钮})=5,\pi_1(\text{按按钮，等待})=4$$
$$\pi_1(\text{等待，按按钮})=9,\pi_1(\text{等待，等待})=0 \qquad (3-5)$$
$$\pi_2(\text{按按钮，按按钮})=1,\pi_2(\text{按按钮，等待})=4$$
$$\pi_2(\text{等待，按按钮})=-1,\pi_2(\text{等待，等待})=0 \qquad (3-6)$$

（3-5）和（3-6）式满足：

$$\pi_2(\text{按按钮，等待})>\pi_2(\text{按按钮，按按钮}) \qquad (3-7)$$
$$\pi_1(\text{按按钮，等待})>\pi_1(\text{等待，等待}) \qquad (3-8)$$

上述不等式（3-7）和（3-8）表明，智猪博弈的结果是大猪按按钮、小猪等待，即策略组合是（按按钮，等待）。根据定义3.1可知，（按按钮，等待）也是智猪博弈的纳什均衡。

用 $\max\limits_{s_i\geqslant 0}\pi_i$（$s_1$，$s_2$）表示求第 i 个博弈方得益函数 π_i（s_1，s_2）的最大值，$i=1$，2，则定义3.1中（3-1）和（3-2）式的等价条件分别为（3-9）和（3-10）式，

$$\max_{s_1\geqslant 0}\pi_1(s_1,s_2)\text{对所有 } s_2\in S_2 \text{ 都成立} \qquad (3-9)$$
$$\max_{s_2\geqslant 0}\pi_2(s_1,s_2)\text{对所有 } s_1\in S_1 \text{ 都成立} \qquad (3-10)$$

假设 π_i（s_1，s_2）分别是 s_1 和 s_2 的连续可微函数，给定 $s_j\geqslant 0$，且 π_i（s_1，s_2）对 s_i 的二阶偏导数小于0，$i=1$，2，$j=1$，2，$i\neq j$。用 $\partial\pi_i$（s_1，s_2）$/\partial s_i$ 表示给定 $s_j\geqslant 0$，第 i 个博弈方得益函数 π_i（s_1，s_2）对 s_i 求一阶偏导数，$i=1$，2，$j=1$，2，$i\neq j$，最大化问题（3-9）和（3-10）的解可由（3-11）和（3-12）式得到：

$$\partial\pi_1(s_1,s_2)/\partial s_1=0 \qquad (3-11)$$
$$\partial\pi_2(s_1,s_2)/\partial s_2=0 \qquad (3-12)$$

这里（3 - 11）和（3 - 12）式可写成下面两个函数的形式：

$$s_1 = R_1(s_2) \tag{3-13}$$

$$s_2 = R_2(s_1) \tag{3-14}$$

其中（3 - 13）和（3 - 14）式分别称为博弈方 1 和 2 的反应函数，运用（3 - 13）和（3 - 14）式中两个反应函数来求解两人博弈 G 的方法称为"反应函数法"。图 3.4 中，博弈方 1 和 2 的反应函数相交于点（s_1^*，s_2^*），此点是两个博弈方对对方行为的最佳反应策略。

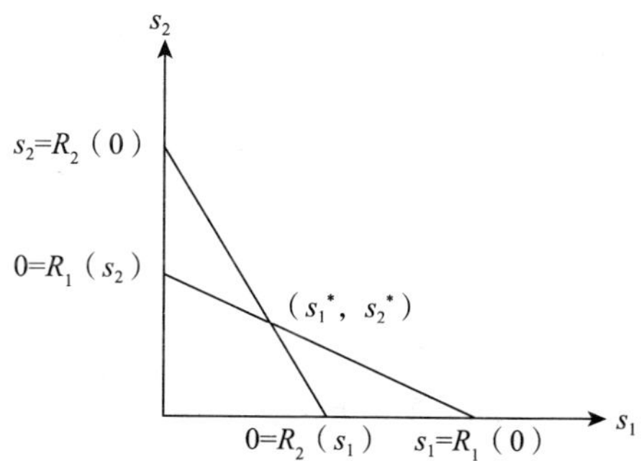

图 3.4　两人博弈模型的反应函数

除了纳什均衡外，约翰·纳什还提出了纳什定理，证明了任何有限策略博弈都有一个混合策略纳什均衡，定理 3.1 给出了纳什定理。

定理 3.1　纳什定理[①]　在一个有 n 个博弈方的博弈 $G = \{S_1, \cdots, S_n; \pi_1, \cdots, \pi_n\}$ 中，如果 n 是有限的，且策略 S_i 是有限集（$i = 1, 2, \cdots, n$），则该博弈至少存在一个纳什均衡，但可能包含混合策略。

"纳什均衡"首先对亚当·斯密的"看不见的手"的原理提出挑战。按照亚当·斯密的理论，在市场经济中，每一个人都从利己的目的出发，最终会在全社会层面实现利他的效果。然而，从"纳什均衡"中可引出一个悖论：从利己的目的出发，会产生损人不利己的结果，"囚徒困境"模型中两个犯罪嫌疑人的命运就是如此。从这个意义上说，"纳什均衡"提出的悖论实际上动摇了西方经济学的基石。因此，

① Nash J F. Equilibrium Points in N-Person Games [J]. Proceedings of the National Academy of Sciences, 1950, 36 (1): 48 - 49.

从“纳什均衡”中我们还可以悟出一条真理：合作是有利的“利己策略”，但它必须符合“己所不欲，勿施于人”的道理。另外，“纳什均衡”是一种非合作博弈均衡，在现实中非合作的情况要比合作的情况更普遍。所以，“纳什均衡”是对约翰·冯·诺依曼和奥斯卡·摩根斯特恩的合作博弈理论的重大发展，甚至可以说是一场革命。

3.3 混合策略纳什均衡

本节介绍混合策略纳什均衡，包括猜硬币博弈和美女硬币博弈等实例。

纳什均衡可以分成两类：“纯策略纳什均衡”和“混合策略纳什均衡”。在完全信息博弈中，如果在每种给定信息下，只能选择一种特定策略，这个策略被称为**纯策略**。而博弈方以一定概率在可选策略集合中选择（即随机选择）策略的决策方式，称为**混合策略**。混合策略是对每个纯策略分配一个概率而形成的策略。混合策略允许博弈方随机选择一个纯策略。严格来说，每个纯策略都是一个“退化”的混合策略，即某一特定纯策略的概率为1，其他的则为0。

“纯策略纳什均衡”即博弈之中的所有博弈方都使用纯策略；而相应的“混合策略纳什均衡”中至少有一个博弈方使用混合策略。并不是每个博弈都会有纯策略纳什均衡，例如“猜硬币博弈”只有混合策略纳什均衡，而没有纯策略纳什均衡。不过，还是有许多博弈有纯策略纳什均衡（如囚徒困境）。甚至，有些博弈能同时有纯策略和混合策略纳什均衡。下面介绍混合策略纳什均衡的定义。

定义 3.2　混合策略纳什均衡[①]

在 n 个人参与的博弈 $G=\{S_1, \cdots, S_n; \pi_1, \cdots, \pi_n\}$ 中，S_i 表示第 i 个博弈方的策略集合，π_i 表示第 i 个博弈方的得益函数，$i=1, 2, \cdots, n$，混合策略组合构成一个纳什均衡，如果对于所有的 $i=1,$

① 谢识予编著．经济博弈论［M］．3版．上海：复旦大学出版社，2007.

2，…，n，如果一个策略组合使任何一个博弈方的策略都是相对于其他博弈方的策略的最佳策略，这个策略就构成一个纳什均衡，不管这个策略是混合策略还是纯策略。下面介绍经典的混合策略纳什均衡实例——猜硬币博弈。

例 3.4　猜硬币博弈①　两个局中人 A、B 手里各拿一枚硬币，每人可以选择正面向上还是反面向上，然后同时亮出，如果两枚硬币正反面相同，B 付给 A 1 元钱，如果两枚硬币正反面不相同，A 付给 B 1 元钱。问题：（i）该博弈是否存在纯策略纳什均衡？（ii）求解该博弈的混合策略纳什均衡。

表 3.7　猜硬币博弈得益矩阵

A \ B	正面	反面
正面	($\underline{1}$，-1)	(-1，$\underline{1}$)
反面	(-1，$\underline{1}$)	($\underline{1}$，-1)

解：（i）该博弈的得益矩阵如表 3.7 所示，根据划线法可知该博弈不存在纯策略纳什均衡。

（ii）假设 A 以 x 的概率选择硬币正面向上，以（$1-x$）的概率选择硬币反面向上；B 以 y 的概率选择硬币正面向上，以（$1-y$）的概率选择硬币反面向上。

站在 A 的角度来看，无论 A 选择硬币正面向上还是反面向上，一定要使 B 选择硬币正面向上和反面向上时自己的期望得益相等，即：

$$(-1)\cdot x+1\cdot(1-x)=1\cdot x+(-1)\cdot(1-x) \tag{3-15}$$

解得 $x^*=1/2$，因此 A 的混合策略是：以 1/2 的概率选择硬币正面向上，以 1/2 的概率选择硬币反面向上。

站在 B 的角度来看，无论 B 选择硬币正面向上还是反面向上，一定要使 A 选择硬币正面向上和反面向上时自己的期望得益相等，即

① 谢识予编著. 经济博弈论［M］. 3 版. 上海：复旦大学出版社，2007.

$$1 \cdot y+(-1) \cdot (1-y)=(-1) \cdot y+1 \cdot (1-y) \tag{3-16}$$

解得 $y^*=1/2$，因此B的混合策略是：以1/2的概率选择硬币正面向上，以1/2的概率选择硬币反面向上。

因此，猜硬币博弈的混合策略纳什均衡是：A以1/2的概率选择硬币正面向上，以1/2的概率选择硬币反面向上；B以1/2的概率选择硬币正面向上，以1/2的概率选择硬币反面向上。此时，B的期望得益 $=(1/2) \cdot (1 \cdot (1/2)+(-1) \cdot (1/2))+(1/2) \cdot ((-1) \cdot (1/2)+1 \cdot (1/2))=0$，A的期望得益 $=(1/2) \cdot ((-1) \cdot (1/2)+1 \cdot (1/2))+(1/2) \cdot (1 \cdot (1/2)+(-1) \cdot (1/2))=0$。

注3.6 混合策略纳什均衡是当其他博弈方的选择具有不确定性时的一个理性对策，其主要特征是混合策略中的每一个纯策略有相同的期望值，否则，一个博弈方会选择期望值最高的策略而排除其他策略，这意味着原始的状态不是均衡状态。

问题3.1 现实中例3.4猜硬币博弈如何保证A以1/2概率选择硬币正面向上、以1/2概率选择硬币反面向上？

例3.5 美女硬币博弈 一位陌生的美女主动过来和你搭讪，并要求和你一起玩一个游戏。美女提议："让我们各自亮出硬币的一面，或是正面或是反面。如果我们的硬币都是正面，那么我给你3元，如果我们的硬币都是反面，我给你1元，剩下的情况你给我2元。"

问题：

(i) 写出该博弈的得益矩阵；(ii) 求出该博弈的所有纳什均衡；(iii) 写出你和美女各自的期望得益。从经济学角度看你认为这个游戏公平吗？

解：(i) 该博弈的得益矩阵如表3.8所示，根据划线法可知该博弈不存在纯策略纳什均衡。

(ii) 下面求混合策略纳什均衡。

记 x 和 y 分别为美女选择硬币正面向上和你选择硬币正面向上的概率，则 $(1-x)$ 和 $(1-y)$ 分别表示美女选择硬币反面向上和你选择硬币反面向上的概率。

表 3.8　美女硬币博弈得益矩阵

美女＼你	正面	反面
正面	$(-3, \underline{3})$	$(\underline{2}, -2)$
反面	$(\underline{2}, -2)$	$(-1, \underline{1})$

站在美女的角度来看，无论美女选择硬币正面向上或反面向上，一定要使你选择硬币正面向上和反面向上的期望得益相等，即：

$$3 \cdot x + (-2) \cdot (1-x) = (-2) \cdot x + 1 \cdot (1-x) \tag{3-17}$$

解得 $x^* = 3/8$，因此美女的混合策略是：以 3/8 的概率选择硬币正面向上，以 5/8 的概率选择硬币反面向上。

站在你的角度来看，无论你选择硬币正面向上或反面向上，一定要使美女选择硬币正面向上和反面向上的期望得益相等，即：

$$(-3) \cdot y + 2 \cdot (1-y) = 2 \cdot y + (-1) \cdot (1-y) \tag{3-18}$$

解得 $y^* = 3/8$，因此你的混合策略是：以 3/8 的概率选择硬币正面向上，以 5/8 的概率选择硬币反面向上。

因此，美女硬币博弈的混合策略纳什均衡是：美女以 3/8 的概率选择硬币正面向上，以 5/8 的概率选择硬币反面向上；你以 3/8 的概率选择硬币正面向上，以 5/8 的概率选择硬币反面向上。

（iii）美女的期望得益：$(3/8) \cdot ((-3) \cdot (3/8) + 2 \cdot (1-3/8)) + (1-3/8) \cdot (2 \cdot (3/8) + (-1) \cdot (1-3/8)) = 1/8$；你的期望得益：$(3/8) \cdot (3 \cdot (3/8) + (-2) \cdot (1-3/8)) + (1-3/8) \cdot ((-2) \cdot (3/8) + 1 \cdot (1-3/8)) = -1/8$。

在美女硬币博弈中，双方的期望得益不相等，所以从经济学角度来说这项游戏不公平。当决定参加某项活动之前，需要三思而后行，否则会带来不良后果。

注 3.7　零和博弈（Zero-sum Game），又称零和游戏，与非零和博弈相对，是博弈论的一个概念，属于非合作博弈。它是指参与博弈的各方，在严格竞争下，一方的收益必然意味着另一方的损失，博弈各方的收益和损失之和永远为“零”，故双方不存在合作的可能。例3.4猜硬币博弈和例3.5美女硬币博弈中，博弈双方的收益总和始终为0，因此，猜硬币博弈和美女硬币博弈均为零和博弈。

习题

1. 在求解博弈模型中，决策树法、划线法、下策消去法各有什么特点？

2. 纳什均衡的定义是谁提出的？他因为什么获得诺贝尔经济学奖？

3. 纳什均衡定义与反应函数法之间是什么关系？

4. 两人定和博弈模型的得益矩阵见表3.9，求该博弈的纳什均衡。

表3.9　两人定和博弈得益矩阵

1 \ 2	C	D
A	(5, 1)	(3, 3)
B	(2, 3)	(1, 4)

5. 两人定和博弈模型的得益矩阵见表3.10，求该博弈的纳什均衡。

表3.10　两人定和博弈得益矩阵

1 \ 2	C	D
A	(4, 1)	(3, 2)
B	(2, 3)	(1, 4)

6. 在双寡头削价竞争博弈模型中，有两家寡头企业，寡头1和2都采取高价策略，则分别获利100；若两家寡头企业都采取低价策略，则分别获利70；若一家寡头企业采取高价策略，另一家采取低价策略，则采取高价策略的寡头企业获利20，另一家获利150。双寡头削价竞争博弈模型的得益矩阵见表3.11。求该模型的纳什均衡。

表 3.11　双寡头削价竞争得益矩阵

1 \ 2	高价	低价
高价	(100, 100)	(20, 150)
低价	(150, 20)	(70, 70)

7. 在公共产品供应博弈模型中，乡下仅有两户居民，分别是 A 和 B，需修一条路。修好路每户有 3 个单位好处，修路成本为 4 个单位。公共产品供应博弈得益矩阵见表 3.12。问题：(i) 公共产品供应博弈均衡结果是什么？(ii) 公共产品供应博弈模型给人们的启示是什么？

表 3.12　公共产品供应博弈得益矩阵

A \ B	修	不修
修	(1, 1)	(-1, 3)
不修	(3, -1)	(0, 0)

8. 求解混合策略纳什均衡方法与反应函数法之间是什么关系？并通过本章习题 14 两人博弈模型给出证明。

9. 性别战博弈（Game of Battle of Sex，有时缩写为 BoS）。董志强《身边的博弈》一书是这样阐述性别战博弈的（见第 4 章）："有一对夫妻，丈夫喜欢看足球赛节目，妻子喜欢看肥皂剧节目，但是家里只有一台电视，于是就产生了争夺频道的矛盾。假设双方都同意看足球赛，则丈夫可得到 2 单位效用，妻子得到 1 单位效用；如果都同意看肥皂剧，则丈夫可得到 1 单位效用，妻子得到 2 单位效用；如果双方意见不一致，结果只好大家都不看，各自只能得到 0 单位效用。"这个博弈的得益矩阵见表 3.13，求该博弈的所有纳什均衡（含混合策略纳什均衡）及在该均衡下双方的期望得益。

表 3.13　性别战博弈得益矩阵

丈夫 \ 妻子	足球赛	肥皂剧
足球赛	(2, 1)	(0, 0)
肥皂剧	(0, 0)	(1, 2)

10. 在鹰鸽博弈模型中，如果鹰同鸽搏斗，鸽就会迅速逃跑，因此鸽不会受到伤害；如果是鹰跟鹰进行搏斗，就会一直打到其中一只受重伤或者死亡才罢休；如果是鸽同鸽相遇，那就谁也不会受伤。

每只动物在搏斗中都选择两种策略之一，即“鹰策略”或是“鸽策略”。对于为生存竞争的每只动物而言，如果“赢”相当于“10”，“输”相当于“-5”，“重伤”相当于“-10”，“不受伤”相当于“5”，最好的结局就是对方选择鸽策略而自己选择鹰策略（自己+10，对手+5），最坏的就是双方都选择鹰策略（双方各-10）。鹰鸽博弈的得益矩阵见表3.14，求该博弈的所有纳什均衡（含混合策略纳什均衡）及在该均衡下双方的期望得益。

表3.14　鹰鸽博弈得益矩阵

A \ B	鹰策略	鸽策略
鹰策略	(-10，-10)	(10，5)
鸽策略	(5，10)	(5，5)

11. 在斗鸡博弈（Chicken Game）模型中，有两人狭路相逢，每人有两个行动选择：退下来或者进攻。如果一方退下来而对方没有退下来，则对方获得胜利，退下一方就很丢面子；如果对方也退下来，双方则打个平手；如果自己没退下来，而对方退下来，没有退下一方则胜利，对方则失败；如果两人都进攻，则两败俱伤。因此，对每个人来说最好的结果是，对方退下来而自己不退。斗鸡博弈的得益矩阵见表3.15，求该博弈的所有纳什均衡（含混合策略纳什均衡）及在该均衡下双方的期望得益。

表3.15　斗鸡博弈得益矩阵

甲 \ 乙	进攻	后退
进攻	(-2，-2)	(1，-1)
后退	(-1，1)	(-1，-1)

12. 在小偷与守卫博弈模型中，一个小偷想偷窃一间有守卫看守的仓库，（1）若小偷偷窃时守卫睡觉，仓库被窃，损失价值为 v，守卫被解雇，其效用为 $-d$；（2）若小偷偷窃时守卫没睡，则小偷被抓，因盗窃罪坐牢，其效用为 $-a$。（3）如果守卫睡觉但仓库未遭偷窃，这时守卫从睡觉中获得了一定的正效用，记为 s；（4）若小偷不偷，无得也无失；如果守卫不睡，意味着他也没有得失。小偷与守卫博弈得益矩阵见表 3.16，如何求解小偷与守卫博弈？是否存在纯策略纳什均衡？如何求混合策略纳什均衡？在混合策略纳什均衡下双方的期望得益是多少？

表 3.16　小偷与守卫博弈得益矩阵

小偷 \ 守卫	睡	不睡
偷	$(v, -d)$	$(-a, 0)$
不偷	$(0, s)$	$(0, 0)$

13. 在狩猎博弈模型中，博弈方是两个猎人 1 和 2，他们可以选择猎鹿或者猎兔。规则是：若两人同时猎鹿则鹿被猎到且两人平均分配鹿的价值（10 元）；若两人同时猎兔则每人获得兔的价值 1 元；若一人猎兔而另一人猎鹿则兔被抓到但鹿跑掉。该博弈的得益矩阵见表 3.17，求该博弈的所有纳什均衡（含混合策略纳什均衡）及在该均衡下双方的期望得益。

表 3.17　狩猎博弈得益矩阵

1 \ 2	猎鹿	猎兔
猎鹿	(5, 5)	(0, 1)
猎兔	(1, 0)	(1, 1)

14. 在甲乙两人博弈模型中，甲有 U 和 D 两种策略，乙有 L 和 R 两种策略，（i）若甲采取 U 策略，乙采取 L 策略，则甲乙得益分别为 a 和 b；（ii）若甲采取 U 策略，乙采取 R 策略，则甲乙得益分别为 c 和

d；（iii）若甲采取 D 策略，乙采取 L 策略，则甲乙得益分别为 e 和 f；（iv）若甲采取 D 策略，乙采取 R 策略，则甲乙得益分别为 g 和 h。两人博弈的得益矩阵见表 3.18。问题：（i）当 a，b，c，d，e，f，g，h 满足什么条件时，（U，L）和（D，R）为该博弈的纯策略纳什均衡？（ii）在该条件下求该博弈的混合策略纳什均衡。

表 3.18　甲乙两人博弈得益矩阵

甲＼乙	L	R
U	(a, b)	(c, d)
D	(e, f)	(g, h)

15. 石头剪刀布博弈。石头剪刀布是一种简单的博弈，该博弈有两名参与者甲和乙，他们可以选择石头、剪刀和布。规则是：石头胜剪刀，剪刀胜布，布胜石头。若两人的选择相同，则双方的得益均为 0；若两人的选择不同，则获胜的一方得益为 1，失败的一方得益为 -1。该博弈的得益矩阵见表 3.19，求该博弈的所有纳什均衡（含混合策略纳什均衡）及在该均衡下双方的期望得益。

表 3.19　石头剪刀布博弈得益矩阵

甲＼乙	石头	剪刀	布
石头	(0, 0)	(1, -1)	(-1, 1)
剪刀	(-1, 1)	(0, 0)	(1, -1)
布	(1, -1)	(-1, 1)	(0, 0)

16. 田忌赛马博弈。出自《史记·孙子吴起列传第五》，是中国历史上有名的揭示如何善用自己的长处去对付对手的短处、从而在竞技中获胜的事例。田忌赛马的故事发生在战国时期，齐威王和大将田忌赛马，根据马跑的速度，双方各有上、中、下三种等级马各一匹，其中田忌的马比齐王同一等级的马跑得慢，但比齐王低一级的马跑得快。比赛规则为：共进行三局比赛，每局比赛双方各出一匹马，获胜的一

方得益为 1，失败的一方得益为 -1，将三局比赛的得益相加即为双方的最终得益。田忌赛马博弈得益矩阵见表 3.20，求该博弈的所有纳什均衡（含混合策略纳什均衡）及在该均衡下双方的期望得益。

表 3.20　田忌赛马博弈得益矩阵

田忌＼齐王	上中下	上下中	中上下	中下上	下上中	下中上
上中下	(-3, 3)	(-1, 1)	(-1, 1)	(1, -1)	(-1, 1)	(-1, 1)
上下中	(-1, 1)	(-3, 3)	(1, -1)	(-1, 1)	(-1, 1)	(-1, 1)
中上下	(-1, 1)	(-1, 1)	(-3, 3)	(-1, 1)	(-1, 1)	(1, -1)
中下上	(-1, 1)	(-1, 1)	(-1, 1)	(-3, 3)	(1, -1)	(-1, 1)
下上中	(1, -1)	(-1, 1)	(-1, 1)	(-1, 1)	(-3, 3)	(-1, 1)
下中上	(-1, 1)	(1, -1)	(-1, 1)	(-1, 1)	(-1, 1)	(-3, 3)

第4章　非合作完全信息静态博弈模型（Ⅱ）及其求解方法

本章介绍非合作完全信息静态博弈模型中的无限策略集合博弈模型及其求解方法，主要分为四个部分：一是寡头竞争概述，介绍寡头竞争的形式和发展历史；二是寡头产量竞争模型，即古诺模型；三是寡头价格竞争模型，即伯川德模型；四是古诺－伯川德模型，它是古诺模型和伯川德模型的综合。

4.1　寡头竞争概述

寡头竞争是竞争和垄断的混合物，也是一种不完全竞争。在竞争的条件下，市场上有许多卖主，它们生产和供应的产品不同。在寡头竞争的条件下，一个行业中只有少数几家大公司（大卖主），它们所生产和销售的某种产品占这种产品的总产量和市场销售总量的绝大部分比重，它们之间的竞争称为寡头竞争。在这种情况下，各个寡头企业是相互依存、相互影响的，它们有能力影响和控制市场价格。任何一家寡头企业调整价格都会影响其他竞争对手的定价政策，因而任何一家寡头企业做出决策时都必须密切关注其他寡头企业的反应和决策。

寡头竞争态势下，由于部分寡头企业基本控制了市场，在一段时间内，其他企业很难进入市场，但并不是完全没有机会。寡头之间仍然存在竞争，它们互相依存，任何一个企业的独立活动都会导致其他几家企业产生迅速而有力的反应，从而使该企业的独立活动难以达到预期效果，这些企业一般都具有很强的成本意识。寡头竞争的形式有两种。

1. 完全寡头竞争

在完全寡头竞争中，各个寡头企业的产品都是同质的，如钢铁、石油、轮胎等。用户对这些企业的产品并无偏好，不是必须买哪一家企业或哪一种品牌的产品。例如，用户购买钢材时可按品种、型号、规格等技术指标订货，但不是必须买哪一家公司的钢材。站在用户的角度来看，这些寡头企业是无区别的，所以完全寡头竞争又称为**无区别的寡头竞争**。在完全寡头竞争的条件下，每一家寡头企业都时刻警惕着竞争对手的战略和行动。如果某一家寡头企业降低产品价格，用户就会被这家企业吸引，这使得其他的寡头企业不得不随之降价或增加服务。在这种情况下，这家寡头企业就要考虑好是否降价。因为，如果它降低产品的价格，竞争对手必然随之降价，结果这些企业均没有获得好处，最多只是吸引了一些新顾客。反之，如果某一家寡头企业提高产品价格，竞争对手一定不会随之提价，在这种情况下，这家寡头企业必须撤销提价，否则便会失去很多顾客。所以，在完全寡头竞争的条件下，整个行业的市场价格比较稳定，但各个寡头企业在促销等方面的竞争较激烈。

2. 不完全寡头竞争

在不完全寡头竞争中，各个寡头企业的产品之间有某些差异，如汽车、电脑等。站在顾客的角度来说，这些寡头企业的产品是有区别的，它们对这些产品有所偏好，这些产品是不能互相替代的，所以这种寡头竞争又称为**差异性寡头竞争**。站在寡头企业的角度来说，每一家寡头企业都努力使自身与其他寡头企业有所区别，使顾客深信该寡头企业的产品优于其他寡头企业的产品。这样可以使本企业的差异性产品定价较高，进而增加盈利。

寡头竞争是各种不完全竞争市场中最早被研究的①②。两个最著名和最重要的寡头竞争模型是古诺模型（Cournot Model）和伯川德模型（Bertrand Model）。在古诺模型中，每个寡头垄断企业都假设其他企业

① Cournot A. Recherches sur les Principes Mathématiques de la Théorie des Richesses [M]. Paris: Hachette, 1838.

② Bertrand, J. Théorie Mathématique de la Richesse Sociale [J]. Journal des Savants, 1883, 67: 499 - 508.

的产出不变。而伯川德模型的前提是，每个寡头垄断企业都假设竞争对手的价格保持不变。为了实现利润最大化，在古诺模型中，所有公司选择一个产量，这个产量与其他公司的产量相关。然而，在伯川德模型中，当竞争对手的价格超过成本时，每家公司通过设定低于竞争对手的价格来实现利润最大化①。

在双寡头竞争市场中，当企业生产同质产品并在产量上竞争时，安东尼·奥古斯丁·古诺（Antoine Augustin Cournot）得出了纳什均衡，当企业在价格上竞争时，约瑟夫·伯川德（Joseph Bertrand）得出了纳什均衡。产量竞争导致均衡价格低于垄断价格但高于边际成本，而价格竞争产生了更具有竞争力的解决方案。

有一个考虑双寡头选择不同决策变量的情况，被称为古诺－伯川德模型，其中一家公司在产量上竞争，另一家在价格上竞争。研究表明，当企业选择在产量或价格上竞争，且产品可以被其他类似产品替代时，两个企业的主导战略是在产量上竞争②。然而，Häckner③ 的研究表明，技术、制度和需求等方面的不对称可能会导致伯川德模型或古诺－伯川德模型的结果最优。有学者认为，企业是否在产量或价格上竞争是一个经验问题④。这些经验观察和理论发展表明，古诺－伯川德模型的研究加深了我们对寡头竞争市场的理解。

4.2 寡头产量竞争模型

本节介绍经典的寡头竞争模型，包括古诺双寡头模型和伯川德模型，古诺双寡头模型是纳什均衡的早期应用，通常被视为寡头理论分

① Tremblay C H, Tremblay V J. The Cournot-Bertrand Model and the Degree of Product Differentiation [J]. Economics Letters, 2011, 111 (3): 233 - 235.

② Singh N, Vives X. Price and Quantity Competition in a Differentiated Duopoly [J]. The RAND Journal of Economics, 1984, 15 (4): 546 - 554.

③ Häckner J. A Note on Price and Quantity Competition in Differentiated Oligopolies [J]. Journal of Economic Theory, 2000, 93 (2): 233 - 239.

④ Kreps D. Scheinkman, J. Quantity Precommitment and Bertrand Competition Yield Cournot Outcomes [J]. Bell Journal of Economics, 1983, 14: 326 - 337.

析的出发点。

古诺模型又被称为古诺双寡头模型（Cournot Duopoly Model），或双寡头模型（Duopoly Model），是早期的寡头模型。古诺模型是由法国数学家、哲学家和经济学家安东尼·奥古斯丁·古诺在1838年出版的《财富理论的数学原理研究》一书中首先提出来的，直至今日该模型仍得到广泛应用。古诺是第一位把数学方法运用到经济学分析中的经济学家，因此常被学界认为是数理经济学的鼻祖。例4.1介绍的是古诺模型及其求解方法。

例4.1　古诺模型①

古诺模型是一个只有两个寡头厂商的简单模型，该模型阐述了相互竞争而没有相互协调的厂商的产量决策是如何相互影响的，从而得到了一个位于完全竞争和完全垄断之间的均衡结果。古诺模型的结论可以推广到三个或三个以上的寡头厂商的情况中。古诺模型有六个主要假设。

（i）某一市场上有两家企业，它们生产同一类产品，用来满足该市场上顾客的需求。

（ii）两家企业生产相同质量的产品。

（iii）市场需求是线性的，由（4－1）和（4－2）式给出：

$$p_1 = a - q_1 - dq_2 \tag{4-1}$$

$$p_2 = a - q_2 - dq_1 \tag{4-2}$$

其中 p_i 表示企业 i 的市场销售价格，q_i 表示企业 i 的产量，$i=1$，2，a 是一个常数且 $a>0$，d 表示该产品不能被其他产品完全替代的差异化程度，$d \in [0, 1]$。当 $d=1$ 时，产品1和2是同质的；当 $d=0$ 时，产品1和2完全不同质，此时每家企业都是垄断者。因此，d 是产品差异化的一个指标，当 d 趋近于0时，产品差异化程度增加。

（iv）两家企业均无固定成本，企业i的成本函数记为 $C_i(q_i) = c_i q_i$，$i=1, 2$。

① López M C，Naylor R A. The Cournot-Bertrand Profit Differential：A Reversal Result in a Differentiated Duopoly with Wage Bargaining［J］. European Economic Review，2004，48（3）：681－696.

（v）两家企业同时决策各自产品的产量。

（vi）两家企业了解彼此的生产成本（完全信息）。

问题：（i）写出企业 1 和 2 的利润函数；（ii）求企业 1 和 2 的最优产量；（iii）求企业 1 和 2 的最优利润。

解：（i）记 $\pi_i(q_1, q_2)$ 为企业 i 的利润，$i=1, 2$，则企业 i 的利润可以写为：

$$\pi_i(q_1, q_2) = (p_i - c_i)q_i,\ i=1,\ 2 \tag{4-3}$$

将（4－1）和（4－2）式分别代入（4－3）式得企业 1 和 2 的利润分别是：

$$\pi_1(q_1, q_2) = (a - q_1 - dq_2 - c_1)q_1 \tag{4-4}$$

$$\pi_2(q_1, q_2) = (a - q_2 - dq_1 - c_2)q_2 \tag{4-5}$$

（ii）记 $\partial\pi_i(q_1, q_2)/\partial q_i$ 为企业 i 的利润 $\pi_i(q_1, q_2)$ 对 q_i 的一阶偏导数，$i=1, 2$，（4－4）和（4－5）式两边分别对 q_1 和 q_2 求一阶偏导数并令 $\partial\pi_1(q_1, q_2)/\partial q_1=0$，$\partial\pi_2(q_1, q_2)/\partial q_2=0$，得反应函数：

$$q_1(q_2) = (a - c_1 - dq_2)/2 \tag{4-6}$$

$$q_2(q_1) = (a - c_2 - dq_1)/2 \tag{4-7}$$

记 q_i^* 为企业 i 的最优产量，$i=1, 2$，联立（4－6）和（4－7）式可以得出企业 1 和 2 的最优产量 q_i^* 分别是：

$$q_1^* = ((2-d)a - 2c_1 + dc_2)/(4-d^2) \tag{4-8}$$

$$q_2^* = ((2-d)a - 2c_2 + dc_1)/(4-d^2) \tag{4-9}$$

（iii）记 $\pi_i^* = \pi_i(q_1^*, q_2^*)$ 为企业 i 的最优利润，$i=1, 2$，将（4－8）和（4－9）式代入（4－3）式中可得企业 1 和 2 的最优利润，分别是：

$$\pi_1^* = \pi_1(q_1^*, q_2^*) = ((2-d)a - 2c_1 + dc_2)^2/(4-d^2)^2 \tag{4-10}$$

$$\pi_2^* = \pi_2(q_1^*, q_2^*) = ((2-d)a - 2c_2 + dc_1)^2/(4-d^2)^2 \tag{4-11}$$

注 4.1　特别地，当 $c_1=c_2=c$ 时，（4－10）和（4－11）式变为

$$\pi_1^* = \pi_2^* = ((a-c)/(2+d))^2 \tag{4-12}$$

由（4－12）式可知，企业1和2的最优利润 π_1^* 和 π_2^* 是 d 的单调减函数，这说明产品差异化能使企业获得更多利润。

注4.2　特别地，当 $d=1$ 时，市场需求 $p=a-(q_1+q_2)$，这代表两家企业生产相同质量同种类型的产品。此时，企业1和2的最优产量分别为 $q_1^*=(a-2c_1+c_2)/3$，$q_2^*=(a-2c_2+c_1)/3$；最优利润分别为 $\pi_1^*=(a-2c_1+c_2)^2/9$，$\pi_2^*=(a-2c_2+c_1)^2/9$。

在联合决策情形下，企业1和企业2被看作一个主体，称为"联合体"。联合体决策产量 Q 使其利益最大化，市场需求 $p=a-Q$，联合体生产单个产品的成本为 c，联合体的利润 $\Pi(Q)=(a-Q-c)Q$，联合体最优产量 $Q^c=(a-c)/2$，最优利润 $\Pi(Q^c)=(a-c)^2/4$，联合决策下两家企业最优产量 $q_1^c=q_2^c=Q^c/2$，最优利润 $\pi_1^c=\pi_2^c=\Pi(Q^c)/2$。

选取 $c_1=c_2=c$，$d=1$，此时两家企业独自决策和联合决策的最优产量和最优利润见表4.1。

表4.1　两家企业独自决策与联合决策的比较（$c_1=c_2=c$，$d=1$）

	独自决策	联合决策
最优产量	$((a-c)/3,\ (a-c)/3)$	$((a-c)/4,\ (a-c)/4)$
最优利润	$((a-c)^2/9,\ (a-c)^2/9)$	$((a-c)^2/8,\ (a-c)^2/8)$

特别地，取 $a=8$，$c_1=c_2=2$，$d=1$，此时两家企业独自决策和联合决策的最优产量和最优利润见表4.2。

表4.2　两家企业独自决策与联合决策的比较（$a=8$，$c_1=c_2=2$，$d=1$）

	独自决策	联合决策
最优产量	(2，2)	(1.5，1.5)
最优利润	(4，4)	(4.5，5.5)

从表4.1和4.2可以看出，企业1和2联合决策比独自决策消耗较少的资源（生产较少量的产品），但能获得较多的利润。

4.3　寡头价格竞争模型

下面介绍的伯川德模型属于价格竞争模型。

例 4.2　伯川德模型①

伯川德模型是由法国经济学家约瑟夫·伯川德于 1883 年建立的。古诺模型把厂商的产量作为竞争手段，是一种产量竞争模型，而伯川德模型是价格竞争模型。伯川德模型有六个主要假设。

（i）某一市场上有两家企业，它们生产同一类产品用来满足该市场上顾客的需求。

（ii）两家企业生产相同质量的产品。

（iii）企业 1 和 2 的产品之间有很强的替代性（完全可替代，即价格不相同时，价格较高的产品会完全销售不出去），所以消费者会选择价格较低的企业的产品；如果两家企业的价格相等，则两个企业平分市场。两家企业的需求函数分别是：

$$q_1 = a - bp_1 + dp_2 \tag{4-13}$$

$$q_2 = a - bp_2 + dp_1 \tag{4-14}$$

其中 p_i 表示企业 i 的市场销售价格，q_i 表示企业 i 的产量，$i=1$，2，a，b 均为常数且 $a>0$，$b>0$，d 表示该产品不能被其他产品完全替代的差异化程度，$d\in[0,1]$。当 $d=1$ 时，产品 1 和 2 是同质的；当 $d=0$ 时，产品 1 和 2 完全不同质，此时每家企业都是垄断者。因此，d 是产品差异化的一个指标，当 d 趋近于 0 时，产品差异化程度增加。

（iv）两企业的生产都无固定成本，企业 i 的成本函数记为 $C_i(q_i)=c_iq_i$，$i=1$，2。

（v）两家企业同时决策各自产品的销售价格。

（vi）两家企业了解彼此的生产成本（完全信息）。

问题：（i）写出企业 1 和 2 的利润函数；（ii）求企业 1 和 2 的最优销售价格；（iii）求企业 1 和 2 的最优利润。

解：（i）记 $\pi_i(p_1, p_2)$ 为企业 i 的利润，$i=1$，2，则企业 i 的利润可以写为：

① López M C, Naylor R A. The Cournot-Bertrand Profit Differential: A Reversal Result in a Differentiated Duopoly with Wage Bargaining [J]. European Economic Review, 2004, 48 (3): 681-696.

$$\pi_i(p_1,p_2)=(p_i-c_i)q_i, i=1,2 \tag{4-15}$$

（ii）记 $\partial\pi_i(p_1, p_2)/\partial p_i$ 为企业 i 的利润 $\pi_i(p_1, p_2)$ 对 p_i 的一阶偏导数，$i=1, 2$，则（4－15）式两边分别对 p_i 求一阶偏导数得：

$$\partial\pi_i(p_1,p_2)/\partial p_i=(a-bp_i+dp_j)-b(p_i-c_i), i,j=1,2, i\neq j \tag{4-16}$$

令 $\partial\pi_i(p_1, p_2)/\partial p_i=0$，$i, j=1, 2, i\neq j$，记 p_i^* 为企业 i 的最优销售价格，$i=1, 2$，得企业 1 和 2 的最优销售价格分别为：

$$p_1^*=(ad+2ab+2b^2c_1+bdc_2)/(4b^2-d^2) \tag{4-17}$$

$$p_2^*=(ad+2ab+2b^2c_2+bdc_1)/(4b^2-d^2) \tag{4-18}$$

显然，$p_1^*>0$，$p_2^*>0$，所以当 $2b>d$ 时，(p_1^*, p_2^*) 组成的纳什均衡才有经济学意义。

（iii）记 $\pi_i^*=\pi_i(p_1^*, p_2^*)$ 为企业 i 的最优利润，$i=1, 2$，将（4－17）和（4－18）式代入（4－15）式，得企业 1 和 2 的最优利润分别是：

$$\pi_1^*=b(ad+2ab-2b^2c_1+d^2c_1+bdc_2)^2/(4b^2-d^2)^2 \tag{4-19}$$

$$\pi_2^*=b(ad+2ab-2b^2c_2+d^2c_2+bdc_1)^2/(4b^2-d^2)^2 \tag{4-20}$$

注 4.3　根据伯川德模型，价格低的企业将赢得整个市场，而价格高的企业将失去整个市场，因此寡头之间会不断竞价，直至价格等于各自的边际成本，才达到了均衡状态。根据伯川德模型可以得到两个结论：一是寡头竞争市场的均衡价格为 $p=c$；二是寡头的长期经济利润为 0。这个结论表明只要市场中企业数目不小于 2 个，最终都会出现完全竞争的结果，这显然与实际经验不符，因此被称为伯川德悖论。

伯川德模型之所以会得出这样的结论，与它的假设有关。从模型的假设来看，至少存在以下两方面的问题：

（i）假设企业没有生产能力的限制。如果企业的生产能力是有限的，它就无法占据整个市场，价格也不会降到边际成本的水平上；

（ii）假设企业生产的产品是完全替代品。如果企业生产的产品不完全相同，就可以避免直接的价格竞争。

4.4 古诺－伯川德模型

本节介绍古诺－伯川德模型，它是古诺模型和伯川德模型的综合，其中两家企业分别采取不同的竞争策略，一家企业采取价格竞争策略，另一家采取产量竞争策略。

例 4.3 古诺－伯川德模型[①]

古诺－伯川德模型有六个主要假设。

（i）某一市场上有两家企业，它们生产同一类产品用来满足该市场上顾客的需求。

（ii）两家企业生产相同质量的产品。

（iii）企业 1 表现为古诺型企业，通过产量决策实现利润最大化。企业 2 表现为伯川德型企业，通过价格决策实现利润最大化。

（iv）两家企业在同一市场上竞争，并且同时采取措施。每一家企业的需求函数分别是：

$$p_1 = m - bq_1 + dp_2 \tag{4-21}$$

$$q_2 = a - p_2 - dq_1 \tag{4-22}$$

其中 p_i 表示企业 i 的市场销售价格，q_i 表示企业 i 的产量，$i=1$，2，$m=a(1-d)$，且 $b=1-d^2$，a，b 均为常数且 $a>0$，$b>0$。d 表示该产品不能被其他产品完全替代的差异化程度，$d\in[0,1]$。当 $d=1$ 时，产品 1 和 2 是同质的；当 $d=0$ 时，产品 1 和 2 完全不同质，此时每家企业都是垄断者。因此，d 是产品差异化的一个指标，当 d 趋近于 0 时，产品差异化程度增加。

（v）两企业的生产都无固定成本，两企业的边际生产成本均为 c。

（vi）两家企业了解彼此的生产成本（完全信息）。

问题：（i）写出企业 1 和 2 的利润函数；（ii）求企业 1 的最优产

① Tremblay C H, Tremblay V J. The Cournot-Bertrand Model and the Degree of Product Differentiation [J]. Economics Letters, 2011, 111 (3): 233-235.

量和企业2的最优销售价格；（iii）求企业1和2的最优利润。

解：（i）记 $\pi_i(q_1, p_2)$ 为企业 i 的利润，$i=1, 2$，则企业 i 的利润可以写为：

$$\pi_i(q_1, p_2) = (p_i - c)q_i, \ i=1, 2 \tag{4-23}$$

企业1的问题是决定产量 q_1，使其利润达到最大，即

$$\max_{q_1 \geq 0} \pi_1(q_1, p_2) = (m - bq_1 + dp_2 - c)q_1 \tag{4-24}$$

企业2的问题是决定价格 p_2，使其利润达到最大，即

$$\max_{p_2 > c} \pi_2(q_1, p_2) = (p_2 - c)(a - p_2 - dq_1) \tag{4-25}$$

（ii）记 $\partial\pi_1(q_1, p_2)/\partial q_1$ 为企业1的利润函数 $\pi_1(q_1, p_2)$ 对 q_1 的一阶偏导数，则（4-24）式两边分别对 q_1 求一阶偏导数得：

$$\partial\pi_1(q_1, p_2)/\partial q_1 = m - 2bq_1 + dp_2 - c \tag{4-26}$$

令 $\partial\pi_1(q_1, p_2)/\partial q_1 = 0$，得反应函数：

$$q_1 = (m + dp_2 - c)/2b \tag{4-27}$$

记 $\partial\pi_2(q_1, p_2)/\partial p_2$ 为企业2的利润函数 $\pi_2(q_1, p_2)$ 对 p_2 的一阶偏导数，则（4-25）式两边分别对 p_2 求一阶偏导数得：

$$\partial\pi_2(q_1, p_2)/\partial p_2 = a - 2p_2 - dq_1 + c \tag{4-28}$$

令 $\partial\pi_2(q_1, p_2)/\partial p_2 = 0$，得反应函数：

$$p_2 = (a - dq_1 + c)/2 \tag{4-29}$$

记 q_1^* 为企业1的最优产量，p_2^* 为企业2的最优销售价格，结合（4-27）和（4-29）式及 $m = a(1-d)$，$b = 1 - d^2$ 得企业1的最优产量 q_1^* 和企业2的最优销售价格 p_2^* 分别是：

$$q_1^* = (a - c)(2 - d)/(4 - 3d^2) \tag{4-30}$$

$$p_2^* = (a(2 - d - d^2) + c(2 + d - 2d^2))/(4 - 3d^2) \tag{4-31}$$

（iii）记 $\pi_i^* = \pi_i(q_1^*, p_2^*)$ 为企业 i 的最优利润，$i=1, 2$，将（4-30）和（4-31）式分别代入（4-24）和（4-25）式，得到企

业 1 和 2 的最优利润分别是：

$$\pi_1^* = (a-c)^2(2-d)^2(1-d^2)/(4-3d^2)^2 \tag{4-32}$$

$$\pi_2^* = (a-c)^2(2-d-d^2)^2/(4-3d^2)^2 \tag{4-33}$$

注 4.4 对比（4－32）和（4－33）式与（4－12）式可知，古诺－伯川德模型中两家企业的最优利润均比古诺模型中的最优利润少。古诺－伯川德模型受关注较少，而事实上，现实中单个行业中的企业在产量和价格上都存在竞争。通过分析产品差异化对古诺－伯川德模型均衡及其稳定性的影响发现，当产品之间的差异足够大时，产品差异化的降低会导致更具有竞争性的均衡，即会导致价格和利润下降。当产品完全同质化时，只有古诺类型的公司，双方都以等于边际成本的价格生产出有竞争力的产品。

习题

1. 完全寡头竞争与不完全寡头竞争的主要区别是什么？

2. 寡头竞争模型有哪两类？这两类模型分别对应现实中企业哪两种决策问题？古诺双寡头模型和伯川德模型的需求函数分别是什么？

3. n 个厂商竞争的古诺模型有五个主要假设。

（i）某一市场上有 n 家企业，它们生产单周期单类产品用来满足该市场上顾客的需求。

（ii）市场需求是线性的，由（4－34）式给出：

$$p = a - (q_1 + \cdots + q_n) \tag{4-34}$$

其中 p 表示市场销售价格，q_i 表示企业 i 的产量，$i=1$，…，n，a 是一个常数且 $a>0$。

（iii）n 家企业均无固定成本，企业 i 生产单个产品的成本即边际成本为 c_i，$i=1$，…，n。

（iv）n 家企业同时决策各自产品的产量。

（v）每家企业都了解其他企业的生产成本（完全信息）。

问题：（i）写出企业 i 的利润函数，$i=1$，…，n；（ii）求企业 i 的

最优产量，$i=1$，…，n；（iii）求企业 i 的最优利润，$i=1$，…，n；（iv）求这 n 家企业合并为一家企业即“联合体”的最优产量和利润，并在产量和利润平均分配下 n 家企业各自最优产量和利润；（v）比较 n 家企业各自在同时决策与联合决策下的产量与利润（画表）；（vi）给出比较结果对管理者的启示。

4. 非线性市场需求的古诺模型有五个主要假设。

（i）某一市场上有两家企业，它们生产单周期单类产品用来满足该市场上顾客的需求。

（ii）市场需求是非线性的，由（4－35）式给出

$$p=a-b(q_1+q_2)^2 \tag{4-35}$$

其中 p 表示市场销售价格，q_i 表示企业 i 的产量，$i=1$，2，a，b 均为常数且 $a>0$，$b>0$。

（iii）两家企业均无固定成本，企业 i 生产单个产品的成本即边际成本记为 c_i，$i=1$，2。

（iv）两家企业同时决策各自产品的产量。

（v）两家企业了解彼此的生产成本（完全信息）。

问题：（i）写出企业 1 和 2 的利润函数；（ii）求企业 1 和 2 的最优产量；（iii）求企业 1 和 2 的最优利润；（iv）求这两家企业合并为一家企业即“联合体”的最优产量和利润，并在产量和利润平均分配下两家企业各自最优产量和利润；（v）比较两家企业各自在同时决策与联合决策下的产量与利润（画表）；（vi）给出比较结果对管理者的启示。

5. 公地悲剧。设某村庄有 n 个农户，有一片可以自由放牧羊只的公共草地。草地面积有限，如果羊的实际数量超过这个限度，则每只羊的产出（毛、皮、肉的总价值）就会减少。农户在夏天到公共草地放羊，而春天就要决定养羊的数量，各农户决定养羊数的决策是同时做出的。假设所有农户都清楚这片公共草地最多能养多少只羊和羊只总数的不同水平下每只羊的产出。假设购买和照料每只羊的成本对每个农户都是相同的不变常数 c，且用 q_i 代表农户 i 的养羊数目，在公共

草地上放牧羊只的总数为 $Q=q_1+\cdots+q_n$，每只羊的产出记为 $V(Q)$，其中函数 $V(t)$ 满足：$V(t)>c$；$dV(t)/dt<0$，$d^2V(t)/dt^2<0$ 对所有的 $t\geq 0$ 成立。

问题： 这 n 个农户如何决定各自的养羊数目？

第5章　非合作完全信息动态博弈理论与方法

本章介绍非合作完全信息动态博弈模型，共分为五个部分：一是子博弈精炼纳什均衡与逆推归纳法，二是经典的完全信息动态博弈模型——斯塔克尔伯格模型（Stackelberg Model），三是讨价还价博弈模型，四是海盗分金博弈模型，五是激励机制博弈模型。

5.1　子博弈精炼纳什均衡与逆推归纳法

本节介绍子博弈精炼纳什均衡与逆推归纳法。在对完全信息动态博弈模型的求解过程中，子博弈是非常重要的概念，下面介绍子博弈的定义。

定义 5.1　子博弈（Subgame）

子博弈是原博弈的一部分，它本身可以作为独立的博弈进行分析，由动态博弈第一阶段以外的某个阶段开始的后续博弈阶段构成，有确切的初始信息集和进行博弈所需要的全部信息，能够自成一个博弈。

子博弈精炼纳什均衡的创立者是 1994 年诺贝尔经济学奖获得者——莱茵哈德·泽尔腾（Reinhard Selten）。莱茵哈德·泽尔腾在 20 世纪 60 年代中期将纳什均衡的概念引入动态分析，在 1965 年发表了《需求减少条件下寡头垄断模型的对策论描述》一文，提出了“子博弈精炼纳什均衡”的概念，又称“子对策完美纳什均衡”[①]。这一研究对纳什均衡进行了第一次改进，选择了更具说服力的均衡点。它要求任何博弈方在任何时间、地点的决策都是最优的，决策者应该随机应变，当博弈方的策略在每一个子博弈中都构成纳什均衡时，则形成“子博弈精炼纳什均衡”。也就是说，组成“子博弈精炼纳什均衡”的策略必须在每一个子博弈中都是最优的。莱茵哈德·泽尔腾给出拓展式和标准式博弈，定义了精炼纳什均衡[②]。他揭示出对大部分博弈来说，标准的纳什均衡分析有时候可能生成太多的均衡，包括一些非理性的均衡[①②]。

莱茵哈德·泽尔腾将纳什均衡与动态分析结合起来，进而提出了子博弈精炼纳什均衡，下面介绍子博弈精炼纳什均衡的定义。

定义 5.2　子博弈精炼纳什均衡（Subgame Perfect Nash Equilibrium）

在完全信息动态博弈模型中，如果各博弈方的策略构成的一个策略组合满足：在整个动态博弈及它的所有子博弈中都构成纳什均衡，那么这个策略组合被称为该动态博弈的子博弈精炼纳什均衡。

对于有限策略集合完全信息博弈，逆推归纳法是求解子博弈精炼纳什均衡的最简便的方法。

逆推归纳法的提出最早可以追溯到恩斯特·泽梅罗（Ernst Zermelo）对国际象棋有最优策略解的证明[③]，后来人们将其推广到了更广泛的博弈中。逆推归纳法是指博弈方的行动存在着先后次序，并且后行动的参与人能够观察到先行动的参与人的行动。

定义 5.3　逆推归纳法（Backwards Induction）逆推归纳法是从动态博弈的最后一个阶段中博弈方的行为开始分析，逐步倒推回前一个阶段相应博弈方的行为选择，一直到第一个阶段的分析方法。逆推归

① Selten R. Spieltheoretische Behandlung Eines Oligopolmodells Mit Nachfrageträgheit: Teil i: Bestimmung des Dynamischen Preisgleichgewichts [J]. Journal of Institutional and Theoretical Economics, 1965: 301 -324.

② Selten R . A Re-Examination of the Perfectness Concept for Equilibrium Points in Extensive Games [J]. International Journal of Game Theory, 1975, 4 (1): 25 -55.

③ Zemelo, E. Über eine Anwendung der Mengenlehre auf die Theorie des Schachspiels, Proceedings of the Fifth International Congress of Mathematicians [C]. Cambridge: Cambridge University Press, 1913, 501 -504.

纳法是解决动态博弈的基本思路和方法。

在逆推归纳法中，博弈行为是顺序发生的，先行动的理性的博弈方，在前面阶段选择行为时必然会考虑后行动博弈方在后续阶段中将会怎样选择行为，只有在博弈的最后一个阶段选择的博弈方，才能直接做出明确选择；后行动者在行动前，所有以前的行为都可以被观察到，而当后续阶段博弈方的选择确定以后，前一阶段博弈方的行为也就容易确定了。

逆推归纳法的精髓就是"向前展望，向后推理"，即首先仔细思考自己的决策可能引起的所有后续反应，以及后续反应的后续反应，直至博弈结束；然后从最后一步开始，逐步倒推，以此找出自己在每一步的最优选择。当这个逆推过程完成时，我们得到一个路径，该路径给每一个博弈方一个特定的策略，所有这些策略构成一个纳什均衡。

5.2　斯塔克尔伯格模型

动态是世间万物的基本特征，完全信息静态博弈只是一种独特的理想状态。在现实中，当后一个博弈方行动时，自然会根据先行动者的选择而调整自己的选择，而先行动者也会理性地预期到这一点，所以也会考虑自己的选择对他人的影响，这时完全信息动态博弈就出现了。本节重点在于介绍完全信息动态博弈模型中的斯塔克尔伯格模型。

斯塔克尔伯格模型是德国经济学家斯塔克尔伯格（H. Von Stackelberg）在 1934 年提出的一种产量决策模型，该模型反映了企业间地位不对称的竞争①。在古诺模型和伯川德模型中，竞争厂商在市场上的地位是平等的，因而它们的行为是相似的，而且它们的决策是同时的。当企业甲在做决策时，它并不知道企业乙的决策。但事实上，在有些市场中，竞争厂商之间的地位并不是对称的，市场地位的不对称引起了决策次序的不对称，通常，小企业先观察到大企业的行为，再决定

① Von Stackelberg H. Marktform und Gleichgewicht (Market Structure and Equilibrium) [M]. Wien: Verlag von Julius Springer, 1934.

自己的对策，斯塔克尔伯格博弈模型就反映了这种不对称的竞争。

一般来说，古诺模型中的两个厂商势均力敌。而在斯塔克尔伯格模型中，寡头厂商的角色被定位为实力雄厚的“领导者”（Leader）与实力相对较弱的“追随者”（Follower）。斯塔克尔伯格模型与古诺模型结果有本质不同：斯塔克尔伯格模型中领导厂商所决定的产量以跟随厂商的反应函数为约束并追求自身利润最大化。

例 5.1 斯塔克尔伯格模型①

该模型有六个主要假设。

（i）有两个博弈方，分别称为企业 1 和 2，它们生产单周期单类产品用来满足市场上顾客的需求。

（ii）两家企业生产相同质量的产品。

（iii）用 q_i 代表企业 i 的产量，$i=1$，2，$P=a-(q_1+q_2)$ 代表逆需求函数（P 是市场出清价格，即两家企业生产的产品能全部销售），$a>0$。

（iv）该模型分为两个阶段：第一阶段，企业 1（Leader）先决策产量 q_1，第二阶段，企业 2（Follower）根据企业 1 的产量 q_1 决策自己的产量 q_2。

（v）两家企业的生产都无固定成本，成本函数记为 $C_i(q_i)=c_iq_i$，$i=1$，2。

（vi）两家企业了解彼此的生产成本（完全信息），并且了解博弈的进程（完美回忆）。

问题： 企业 1 和 2 如何决策各自的产量？它们获得的利润分别是多少？

解： 记 $\pi_i(q_1, q_2)$ 为企业 i 的利润，$i=1$，2，则企业 i 的利润可以写为：

$$\pi_i(q_1, q_2)=(a-(q_1+q_2)-c_i)q_i,\ i=1,2 \tag{5-1}$$

① Von Stackelberg H. Marktform und Gleichgewicht (Market Structure and Equilibrium) [M]. Wien: Verlag von Julius Springer, 1934.

先解第二阶段问题，记 $\partial\pi_2(q_1, q_2)/\partial q_2$ 为企业 2 的利润 $\pi_2(q_1, q_2)$ 对 q_2 的一阶偏导数，给定 $q_1>0$，当 $i=2$ 时，(5－1) 式两边分别对 q_2 求一阶偏导数得：

$$\partial\pi_2(q_1, q_2)/\partial q_2 = a - q_1 - 2q_2 - c_2 \tag{5-2}$$

令 $\partial\pi_2(q_1, q_2)/\partial q_2=0$，得反应函数：

$$q_2^R(q_1) = (a - q_1 - c_2)/2 \tag{5-3}$$

再解第一阶段问题，将 (5－3) 式代入 (5－1) 式中，并令 $i=1$，可得：

$$\pi_1(q_1, q_2^R(q_1)) = q_1(a + c_2 - 2c_1 - q_1)/2 \tag{5-4}$$

记 $\partial\pi_1(q_1, q_2)/\partial q_1$ 为企业 1 的利润 $\pi_1(q_1, q_2)$ 对 q_1 的一阶偏导数，(5－4) 式两边分别对 q_1 求一阶偏导数得：

$$\partial\pi_1(q_1, q_2)/\partial q_1 = (a + c_2 - 2c_1 - 2q_1)/2 \tag{5-5}$$

记 q_i^* 为企业 i 的最优产量，$i=1, 2$，令 $\partial\pi_1(q_1, q_2)/\partial q_1=0$，得企业 1 的最优产量 q_1^* 为：

$$q_1^* = (a - 2c_1 + c_2)/2 \tag{5-6}$$

将 (5－6) 式代入 (5－3) 式中得企业 2 的最优产量 q_2^* 为：

$$q_2^* = (a + 2c_1 - 3c_2)/4 \tag{5-7}$$

记 $\pi_i^* = \pi_i(q_1^*, q_2^*)$ 为企业 i 的最优利润，$i=1, 2$，将 (5－6) 式和 (5－7) 式分别代入 (5－1) 式中可得企业 1 和企业 2 的最优利润分别为：

$$\pi_1^* = (a - 2c_1 + c_2)^2/8 \tag{5-8}$$

$$\pi_2^* = (a + 2c_1 - 3c_2)^2/16 \tag{5-9}$$

注 5.1　一般假设博弈满足“完美回忆”（Perfect Recall）要求。完美回忆是指没有任何博弈方会忘记自己以前知道的事情，所有博弈方都知道自己以前的选择。

注 5.2　当 $c_1 = c_2 = c$ 时，斯塔克尔伯格模型中企业 2（Follower）

拥有的信息多于企业 1（Leader），但它的最优利润小于企业 1。

思考 5.1 用与例 4.1 古诺模型类似的方法，比较例 5.1 中联合决策、独自决策和先后决策下企业 1 和 2 的最优产量与利润，并给出管理启示。

5.3 讨价还价博弈模型

讨价还价博弈模型，也称为鲁宾斯坦模型。1982 年，阿里尔·鲁宾斯坦（Ariel Rubinstein）用完全信息动态博弈的方法，对基本的、无限期的完全信息讨价还价过程进行了模拟，并据此建立了完全信息轮流出价讨价还价博弈模型，讨价还价过程也被视为合作博弈的过程。讨价还价是谈判中一项重要的内容，熟练地运用讨价还价的策略与技巧，是促成谈判的保证，企业完全可以利用讨价还价博弈模型进行并购价格的谈判活动。

下面我们将通过逆推归纳法求解另一个完全信息动态博弈模型——讨价还价博弈模型。

例 5.2 讨价还价博弈模型[①]

甲、乙两人就如何分享 10000 元现金进行谈判，规则如下：甲先提出一个分割比例，乙选择接受或拒绝；如果乙拒绝甲的方案，则他自己提出另一个方案，让甲选择接受或拒绝……如此循环，直到任何一方接受对方提出的方案，则博弈结束。从一方提出一个方案开始到另一方选择是否接受为止是一个回合。讨价还价每多进行一个回合，双方利益打一个折扣 δ $(0<\delta<1)$，称为“消耗系数”。第一回合，甲的方案是自己得 S_1，乙得 $10000-S_1$，乙可以选择接受或拒绝，接受则双方得益分别为 S_1 和 $10000-S_1$，谈判结束。若乙拒绝，则开始下一个回合。第二回合，乙的方案是甲得 S_2，自己得 $10000-S_2$，由甲选择是否接受，接受则双方得益分别为 δS_2 和 $\delta(10000-S_2)$，谈判结束，

① Rubinstein A. Perfect Equilibrium in a Bargaining Model [J]. Econometrica, 1982, 50 (1): 97-109.

若甲不接受，则开始下一个回合。第三回合，甲提出自己得 S，乙得 $10000-S$，此时乙必须接受，双方实际得益分别为 $\delta^2 S$ 和 $\delta^2(10000-S)$。

问题：（i）对有三个回合的问题，甲、乙如何决定各自的谈判策略？（ii）对有无限次回合的问题，求在第一回合甲的方案自己得 S_1 的具体表达式。

解：（i）第三回合甲出价 S，乙必须接受，双方得益分别为 $\delta^2 S$ 和 $\delta^2(10000-S)$。第二回合乙知道甲在第三回合得益为 $\delta^2 S$，他应该考虑甲的心理，如果他在第二回合出价 S_2，能够使得甲在第二回合得益 δS_2 与甲在第三回合得益相等，即 $\delta S_2=\delta^2 S$，则甲将会在第二回合接受乙的出价，在此情况下，乙的出价应该满足 $S_2=\delta S$，因此在第二回合甲得益 $\delta^2 S$，乙的得益 $\delta(10000-S_2)=10000\delta-\delta^2 S$。

第一回合，甲知道自己在第二回合得益为 $\delta^2 S$，乙在第二回合得益为 $10000\delta-\delta^2 S$，甲应该考虑乙的心理，如果他在第一回合出价 S_1 能够使得乙在第一回合的得益 $10000-S_1$，与乙在第二回合得益相等，即 $10000-S_1=10000\delta-\delta^2 S$，则乙将会在第一回合接受甲的出价，因此，第一回合甲得益为 $S_1=10000-10000\delta+\delta^2 S$，乙得益为 $10000\delta-\delta^2 S$。

（ii）对有无限次回合的问题，记 S_i 表示甲在第 i 回合的得益，$i=1,2,\cdots,n$，因为在第一回合甲的得益 S_1 为 $S_1=10000-10000\delta+\delta^2 S_3$，而 $S_3=10000-10000\delta+\delta^2 S_5$，将 S_3 代入 S_1 并整理得：

$S_1=10000-10000\delta+10000\delta^2-10000\delta^3+\delta^4 S_5$，而 $S_5=10000-10000\delta+\delta^2 S_7$，因此，$S_1=10000-10000\delta+10000\delta^2-10000\delta^3+10000\delta^4-10000\delta^5+\cdots=10000/(1+\delta)$。

特别地，取 $\delta=0.99$，则 $S_1=5025.13$。

注 5.3　讨价还价博弈给我们两方面的启示。

（i）贴现因子。贴现因子在数值上可以理解为贴现率，实质上也就是给双方获利打一个折扣 δ（$0<\delta<1$），称为“消耗系数”，就是 1 单位份额经过一段时间后所等同的现在份额。这个贴现因子与金融学的贴现率的不同之处在于，它是由博弈方的“耐心”程度所决定的。“耐心”实质上关乎博弈方的心理和经济承受能力，不同的博弈方在谈

判中的心理承受能力可能各不相同，心理承受能力强的可能最终会获得更多的便宜；同样，如果有比其他博弈方更强的经济承受能力，也会占得更多的便宜。

（ii）“先动优势”与“后动优势”。在讨价还价的谈判中，先出价的一方和后出价的一方有着各自的优势，即所谓的“先动优势”和“后动优势”，这两种优势的发挥取决于前面提到的耐心优势。“先动优势”通过模型可清楚地看出来，为方便起见，假定 $\delta_1=\delta_2$，当 $\delta_1=\delta_2=\delta<1$ 时，先出价的一方最终的得益 $S=1/(1+\delta)>0.5$。即博弈方 1 的得益总是大于博弈方 2 的得益，始终处于有利的位置，也就是说，在双方都没有足够耐心的情况下，先出价的总是处于有利位置。然而，在双方都有足够耐心的情况下，即当 $\delta_1=\delta_2=\delta=1$ 时，后出价的一方更有利。这是因为，博弈方最后出价时将拒绝任何自己不能得到整个份额的出价，一直等到在博弈的最后阶段得到整个份额为止。这种“后动优势”只在理论上有意义，因为现实中的博弈方都不可能有足够的耐心。

5.4 海盗分金博弈模型

本节介绍经济学中经典的非合作完全信息动态博弈模型——海盗分金博弈模型。

例 5.3 海盗分金博弈模型

海盗分金（A Puzzle for Pirates）博弈模型是一个著名的模型①②，它是指 5 个非常理性的海盗提出一个方案来分配 100 枚金币的问题。在等级制度异常严格的海盗中，必须按照等级制度来提出方案。如果提出的方案有半数及以上的海盗同意，则获得通过；若不到半数同意，则将提议者扔入海中，并由另一等级更高者提议，依此类推直到最后

① Goodin R E. The Theory of Institutional Design [M]. New York: Cambridge University Press, 1996.

② Stewart I. A Puzzle for Pirates [J]. Scientific American, 1999, 280 (5): 98 – 99.

一个海盗。

英国著名的数学家伊恩·斯图尔特（Ian Stewart）于 1999 年解答了海盗分金问题。首先给这 5 个海盗进行编号，等级越高，编号越大，例如 1 号海盗 P1 等级最低，2 号海盗 P2 次之，5 号海盗 P5 的等级最高。采用逆推归纳法，首先，假设开始时只有两个海盗，P1 和 P2。等级高的海盗 P2 的最佳策略是：提议自己获得 100 枚金币，P1 获得 0 枚。他自己的投票占总数的 50%，因此提议通过。然后加入海盗 P3。海盗 P1 知道，如果 P3 的提议被否决，游戏将进入双海盗阶段，P1 将一无所获。因此，P1 将投票支持 P3 提出的任何建议，前提是这会给他带来更多好处。因此，P3 尽可能少地使用黄金贿赂 P1，从而得出以下提议：P3 得 99 枚，P2 得 0 枚，P1 得 1 枚。加入 P4 后 P4 的策略类似。他需要 50% 的选票，所以他同样需要带上另外一名海盗。他可以使用的最低贿赂是 1 枚金币，他可以将其提供给 P2，因为如果 P4 的提议失败，P3 的提议被投票通过，P2 将一无所获。因此 P4 的提议是自己得 99 枚，P3 得 0 枚，P2 得 1 枚，P1 得 0 枚。加入 P5 后 P5 采取的策略是：他需要贿赂两名海盗才能赢得选票。他可以使用的最低贿赂是 2 枚金币，而他成功行贿的唯一方式是为自己得 98 枚金币，P4 得 0 枚，P3 得 1 枚，P2 得 0 枚，P1 得 1 枚，即分配方案为（1，0，1，0，98）①。

注 5.4　把例 5.3 中的 5 个海盗改为 10 个海盗，分析 10 名海盗分配 100 枚金币的问题，以同样的方式进行，每项提议都有唯一的规定，以给提议人最大的奖励，同时也确保获得赞成票。按照这种模式，P10 将给自己分 96 枚金币，给海盗 P8、P6、P4 和 P2 各得一枚金币，奇数等级的海盗则不得金币，即（0，1，0，1，0，1，0，1，0，96）。这种分配解决了 10 个海盗分金难题。

注 5.5　把例 5.3 中的规则改为 5 人进行表决，超过半数同意时方案才被通过。仍然是通过抽签决定各人的号码，顺序为（1，2，3，4，5）。先由 5 号提出分配方案，5 人进行表决，超过半数同意方案才被通

① Stewart I. A Puzzle for Pirates [J]. Scientific American, 1999, 280 (5): 98 -99.

过，否则他将被扔入大海喂鲨鱼，5 号死后，由 4 号提方案，4 人表决，超过半数同意方案通过，否则 4 号同样被扔入大海，依此类推。与例 5.3 的求解方法类似，答案是：5 号海盗分给 3 号 1 枚金币，分给 2 号或 1 号海盗 2 枚金币，自己得 97 枚。分配方案可写成（0，2，1，0，97）或（2，0，1，0，97）。

管理启示：在海盗分金博弈模型中，任何"分配者"想让自己的方案获得通过的关键是事先考虑清楚"挑战者"的分配方案是什么，并用最小的代价获取最大收益，拉拢在"挑战者"分配方案中最不得意的人们。

5.5 激励机制博弈模型

本节运用博弈论的方法研究企事业单位激励机制设计问题。我们分别考虑个人激励和团队激励两种情形，对这两种情形我们均得到企业最优奖励水平、员工最优努力水平、员工最优纯收入和企业最优利润的解析表达式。研究结果对我国企业和事业单位提高人力资源管理效率和综合竞争能力有一定的参考价值[①]。

人力资源是现代企业的战略性资源，也是企业发展最关键的因素之一，人才是企业竞争的基础。激励是人力资源管理的重要内容。激励这个概念在管理中，是指激发员工的工作潜力，也就是说用各种有效的方法去调动员工的积极性和创造性，使员工努力去完成组织的任务，实现组织的目标。因此，企业实行激励机制的最根本的目的是正确地引导员工的工作动机，使他们在实现组织目标的同时实现自身的需要，增加其满意度，从而使他们的积极性和创造性继续保持和发扬下去。人员激励是提高劳动生产率的基本途径之一，组织激励水平越高，员工积极性越高，组织生产力也就越高。知识经济时代，人力资源管理的核心就是通过价值链的管理来实现人力资本的增值。价值创

---

① 禹海波编著．管理方法论［M］．北京：中国财政经济出版社，2008.

造就是在理念上要肯定知识创造者和企业家在企业价值创造中的主导作用。企业人力资源管理要遵循“二八规律”，即要关注那些能够为企业创造巨大价值的人，他们在企业人员数量中仅占 20%，却创造了企业 80% 的价值，这些人构成了企业的核心层，是企业的骨干。激励是管理者的关键职能，如何对员工进行切实有效的激励，建立一个有效的激励机制，激发和调动员工的积极性和创造性是各国各类企业迫切需要解决的重要课题。

随着我国经济的发展和社会进步，我国企业在人力资源管理方面取得了一定的成绩。然而，与发达工业国家的跨国企业相比，我国企业在员工激励机制方面存在许多问题。我国传统的国有企业在员工激励方面存在薪酬分配不合理、激励手段单一以及对管理层的激励不足等问题。我国中小企业在员工激励机制方面存在的问题包括：注重短期激励，长期激励机制不完善；激励制度固定化；员工的成长空间狭小；激励机制无法实现员工和企业的利益相结合；激励机制不能满足员工的个性化的需要；荣誉激励的滥用等。

下面分别从个人激励和团队激励两方面介绍激励机制博弈模型。

5.5.1　个人激励情形①

考虑某单位 A 有两个员工，员工经过个人努力工作创造的业绩称为个人业绩。单位 A 的管理者为了激励员工努力工作，制定了一项措施，规定将员工个人业绩按一定比例作为奖金发给员工。个人激励博弈模型有两个主要假设：

（i）员工 i 的个人业绩用函数 $\varphi_i\ (e_i)=\beta_i e_i$ 来表示，其中 e_i 为员工 i 的努力水平（$i=1,\ 2$），员工的努力水平由自己决定。假设员工的付出有负效用，员工 i 的效用函数是 $\phi_i\ (e_i)=\alpha_i e_i^m$，$i=1,\ 2$；

（ii）为两阶段博弈。第一阶段，单位 A 的管理者为了激励员工努力工作，宣布单位将员工个人业绩按比例 γ 作为奖金发给员工；第二

① 禹海波编著．管理方法论［M］．北京：中国财政经济出版社，2008.

阶段，两员工根据单位 A 规定的奖金比例 γ，同时决定各自的努力程度 e_i，$i=1, 2$。

问题：单位 A 的管理者如何决定给员工奖金比例 γ，两名员工如何决定各自的努力程度？

解：记员工 i 获得的纯收入为 $\pi_i(\gamma, e_1, e_2)$，$i=1, 2$，则：

$$\pi_i(\gamma, e_1, e_2) = \gamma\beta_i e_i - \alpha_i e_i^m, \ i=1,2 \tag{5-10}$$

记单位 A 获得的利润为 $\Pi(\gamma, e_1, e_2)$，则：

$$\Pi(\gamma, e_1, e_2) = (1-\gamma)(\beta_1 e_1 + \beta_2 e_2) \tag{5-11}$$

记 $e_i^*(\gamma)$ 为给定 $\gamma>0$ 时，员工 i 的最优努力水平（$i=1, 2$），γ^* 表示单位 A 的最优奖励水平。其中 α_i（$i=1, 2$）表示员工付出的负效用因子。

（i）首先考虑第二阶段，给定 γ，（5-10）式两边分别对 e_i 求一阶导数，可以得到员工 i 的最优努力水平 $e_i^*(\gamma)$ 是以下方程的唯一解：

$$\gamma\beta_i - \alpha_i m e_i^{m-1} = 0, i=1,2 \tag{5-12}$$

由此得到员工 i 的最优努力水平 $e_i^*(\gamma)$ 的解析表达式，即：

$$e_i^*(\gamma) = \left(\frac{\gamma\beta_i}{\alpha_i m}\right)^{\frac{1}{m}}, i=1,2 \tag{5-13}$$

（ii）再解第一阶段，记 $\Pi^*(\gamma) = \Pi(\gamma, e_1^*(\gamma), e_2^*(\gamma))$，则：

$$\Pi^*(\gamma) = (1-\gamma)\left(\beta_1\left(\frac{\gamma\beta_1}{\alpha_1 m}\right)^{\frac{1}{m-1}} + \beta_2\left(\frac{\gamma\beta_2}{\alpha_2 m}\right)^{\frac{1}{m-1}}\right) \tag{5-14}$$

（5-14）式两边分别对 γ 求一阶导数，可以得到：

$$\frac{\mathrm{d}\Pi^*(\gamma)}{\mathrm{d}\gamma} = \left(-1 + \frac{1-\gamma}{(m-1)\gamma}\right)\left(\beta_1\left(\frac{\gamma\beta_1}{\alpha_1 m}\right)^{\frac{1}{m-1}} + \beta_2\left(\frac{\gamma\beta_2}{\alpha_2 m}\right)^{\frac{1}{m-1}}\right) \tag{5-15}$$

令（5-15）式等于 0，可解得单位 A 的最优奖励水平 γ^* 为：

$$\gamma^* = 1/m \tag{5-16}$$

（iii）将（5-13）式和（5-16）式代入（5-10）式中得到员工

i 的最优纯收入 $\pi_i^*(\gamma)$ 为：

$$\pi_i^*(\gamma)=\pi_i(\gamma^*,e_1^*(\gamma^*),e_2^*(\gamma^*))=\frac{m-1}{m^2}\beta_i\left(\frac{\beta_i}{\alpha_i m^2}\right)^{\frac{1}{m-1}},i=1,2 \tag{5-17}$$

（4）将（5－13）式和（5－16）式代入（5－14）式中得到单位 A 的最优利润 $\Pi^*(\gamma)$ 为：

$$\Pi^*(\gamma)=\Pi(\gamma^*,e_1^*(\gamma^*),e_2^*(\gamma^*))=\left(1-\frac{1}{m}\right)\left(\beta_1\left(\frac{\beta_1}{\alpha_1 m^2}\right)^{\frac{1}{m-1}}+\beta_2\left(\frac{\beta_2}{\alpha_2 m^2}\right)^{\frac{1}{m-1}}\right) \tag{5-18}$$

5.5.2　团队激励情形①

考虑某单位 A 有两名员工，员工组成一个团队，团队合作创造的业绩被称为团队业绩。单位 A 的管理者为了激励员工努力工作，制定了一项措施，规定将员工团队业绩按一定比例作为奖金发给员工。团队激励博弈模型有两个主要假设：

（i）员工 i 的团队业绩用函数 $\theta(e_1, e_2)=\xi e_1 e_2$ 表示，其中 e_i 为员工 i 的努力水平（$i=1, 2$），员工的努力水平由自己决定。假设员工的付出有负效用，员工 i 的效用函数为 $\phi_i(e_i)=\alpha_i e_i^m$，$i=1, 2$；

（ii）为两阶段博弈。第一阶段，单位 A 的管理者为了激励员工努力工作，宣布单位将员工个人业绩按比例 γ 作为奖金发给员工。第二阶段，两员工根据单位 A 定的奖金比例 γ，同时决定各自的努力程度 e_i，$i=1, 2$。

问题：单位 A 的管理者如何决定给员工奖金的比例 γ？两个员工如何决定各自的努力程度？

解：记员工 i 获得的纯收入为 $\pi_i(\gamma, e_1, e_2)$，$i=1, 2$，则：

$$\pi_i(\gamma, e_1, e_2)=\gamma\lambda_i\xi e_1 e_2-\alpha_i e_i^m,\ i=1,2 \tag{5-19}$$

① 禹海波编著．管理方法论［M］．北京：中国财政经济出版社，2008.

其中，$\sum_{i=1}^{2}\lambda_i = 1$。

记单位 A 获得的利润为 Π（γ，e_1，e_2），则：

$$\Pi(\gamma, e_1, e_2) = (1-\gamma)\xi e_1 e_2 \tag{5-20}$$

记 e_i^*（γ）为给定 $\gamma>0$ 时，员工 i 的最优努力水平（$i=1$，2），γ^* 表示单位 A 的最优奖励水平。

（i）首先考虑第二阶段，给定 γ，（5－19）式两边分别对 e_i 求一阶导数，可以知道员工 i 的最优努力水平 e_i^*（γ）是下列方程的唯一解：

$$\gamma\lambda_i\xi e_j - \alpha_i m e_i^{m-1} = 0, i, j = 1, 2, i \neq j \tag{5-21}$$

由此得到员工 1 和 2 的最优努力水平 e_1^*（γ）和 e_2^*（γ）的解析表达式，即：

$$e_1^*(\gamma) = \left(\frac{\gamma\lambda_2\xi}{\alpha_2 m}\right)^{\frac{1}{m-2}}\left(\frac{\lambda_1\alpha_2}{\lambda_2\alpha_1}\right)^{\frac{m-1}{m(m-2)}} \tag{5-22}$$

$$e_2^*(\gamma) = \left(\frac{\gamma\lambda_2\xi}{\alpha_2 m}\right)^{\frac{1}{m-2}}\left(\frac{\lambda_1\alpha_2}{\lambda_2\alpha_1}\right)^{\frac{1}{m(m-2)}} \tag{5-23}$$

（ii）再解第一阶段，记单位 A 的最优利润为 $\Pi^*(\gamma) = \Pi$（γ，e_1^*（γ），e_2^*（γ）），则：

$$\Pi^*(\gamma) = (1-\gamma)\xi\left(\frac{\gamma\lambda_2\xi}{\alpha_2 m}\right)^{\frac{2}{m-2}}\left(\frac{\lambda_1\alpha_2}{\lambda_2\alpha_1}\right)^{\frac{1}{m-2}} \tag{5-24}$$

（5－24）式两边分别对 γ 求一阶导数，可以得到：

$$\frac{d\Pi^*(\gamma)}{d\gamma} = \left(-1 + \frac{2(1-\gamma)}{(m-2)\gamma}\right)\xi\left(\frac{\gamma\lambda_2\xi}{\alpha_2 m}\right)^{\frac{2}{m-2}}\left(\frac{\lambda_1\alpha_2}{\lambda_2\alpha_1}\right)^{\frac{1}{m-2}} \tag{5-25}$$

令（5－25）式等于 0 可解得单位 A 的最优奖励水平：

$$\gamma^* = 2/m \tag{5-26}$$

（iii）将（5－22）、（5－23）和（5－26）式代入（5－19）式中得到员工 1 和 2 的最优纯收入 π_1^*（γ）和 π_2^*（γ）分别为：

$$\pi_1^*(\gamma) = \frac{2(m-1)}{m^2}\lambda_1\xi\left(\frac{2\lambda_2\xi}{\alpha_2 m^2}\right)^{\frac{2}{m-2}}\left(\frac{\lambda_1\alpha_2}{\lambda_2\alpha_1}\right)^{\frac{1}{m-2}} \tag{5-27}$$

$$\pi_2^*(\gamma) = \frac{2(m-1)}{m^2}\lambda_2\xi\left(\frac{2\lambda_2\xi}{\alpha_2 m^2}\right)^{\frac{2}{m-2}}\left(\frac{\lambda_1\alpha_2}{\lambda_2\alpha_1}\right)^{\frac{1}{m-2}} \tag{5-28}$$

（4）将（5-22）、（5-23）和（5-26）式代入（5-24）式中得到单位 A 的最优利润 $\Pi^*(\gamma)$ 为：

$$\Pi^*(\gamma) = \left(1-\frac{2}{m}\right)\xi\left(\frac{2\lambda_2\xi}{\alpha_2 m^2}\right)^{\frac{2}{m-2}}\left(\frac{\lambda_1\alpha_2}{\lambda_2\alpha_1}\right)^{\frac{1}{m-2}} \tag{5-29}$$

习题

1. 为什么非合作完全信息动态博弈中存在先动优势？举例说明。

2. 用动态博弈理论求解劳资博弈模型。该模型有五个主要假设：

（i）有两个参与人，分别是工会和厂商，厂商的根本目标是利润最大化，厂商只有劳动力成本；

（ii）该模型分两个阶段。第一阶段，工会决定厂商付给工人的工资率 W，第二阶段，厂商根据工会提出的工资率 W 决定雇佣工人的数量 L；

（iii）工会了解厂商的劳动成本（完全信息），工会和厂商了解博弈的进程（完美回忆）；

（iv）$R(L)$ 表示厂商的收益（扣除成本，成本为 αWL），$R(L)$ 是 L 的递增凹函数，α 为常数且 $\alpha>0$；

（v）工会效用为 $u=u(W, L)$，厂商利润为 $\pi(W, L)=R(L)-\alpha WL$。

问题：工会如何决定厂商付给工人的工资率 W？厂商如何决定雇用工人数量 L？

3. 用动态博弈理论求解投资新技术博弈模型。该模型有六个主要假设：

（i）有两个博弈方，分别称为企业 1 和 2，它们生产单周期单类产品用来满足市场上顾客的需求；

（ii）两家企业生产相同质量的产品；

（iii）用 q_i 表示企业 i 的产量，$i=1$，2，$P=a-(q_1+q_2)$ 代表逆需求函数（P 是销售价格），a 是常数且 $a>0$；

（iv）两企业的生产都无固定成本，企业 2 的成本函数 $C_2(q_2)=c_2q_2$。企业 1 若投资新技术则其成本函数为 $C_1(q_1)=\underline{c}_1q_1$，且投资新技术成本为 v，若它不投资新技术则其成本函数为 $C_1(q_1)=c_1q_1$ $(c_1>\underline{c}_1)$；

（v）该模型分两个阶段，第一阶段，企业 1 决定是否投资新技术，第二阶段，企业 1 和 2 分别决定各自的产量 q_1 和 q_2；

（vi）两家企业了解彼此的生产成本（完全信息），并且了解博弈的进程（完美回忆）。

问题：企业 1 如何决定自己的投资策略？企业 1 和 2 如何决策各自的产量？

4. 用动态博弈理论求解国际贸易竞争博弈模型。该模型有六个主要假设：

（i）有 4 个博弈方，分别是两个国家称为国家 1 和 2，这两个国家各自的企业都称为企业 1 和 2，两家企业生产同一种既内销又出口的商品，即它们生产的产品不仅用来满足自己国家的市场（国内市场）顾客的需求，同时又生产出口产品满足另一个国家市场（国外市场）顾客的需求；

（ii）企业 1 和 2 生产相同质量的产品；

（iii）国家 i 进口商品关税税率为 t_i，企业 i 生产内销和出口商品的产量分别为 h_i 和 e_i，国家 i 的市场逆需求函数为 $P_i=a_i-(h_i+e_i)$，$j\neq i$，$i=1$，2，$j=1$，2；

（iv）企业 1 和 2 的生产都无固定成本，企业 i 的成本函数记为 $C_i(q_i)=c_iq_i$，$i=1$，2；

（v）第一阶段，国家 1 和 2 同时决定本国进口商品的关税税率 t_1 和 t_2，第二阶段，两国的企业 1 和 2 根据国家 1 和 2 的关税税率同时决定各自内销和出口商品的产量；

（vi）两国各自的企业 1 和 2 了解彼此的生产成本（完全信息），

国家1、国家2，以及两国的企业1和2都了解博弈的进程（完美回忆）。

问题：两个国家如何决定本国进口商品关税税率 t_1 和 t_2？两个企业如何决定各自内销和出口商品的产量 h_1、h_2 和 e_1、e_2？

第6章　非合作不完全信息静态博弈理论与方法

本章介绍非合作不完全信息静态博弈模型及其求解方法，共分为四部分：一是贝叶斯纳什均衡，二是不完全信息下企业产量决策博弈模型，三是考虑信息透明的企业产量决策博弈模型，四是考虑信息透明的企业价格决策博弈模型。

6.1　贝叶斯纳什均衡

本节介绍贝叶斯纳什均衡提出的背景和定义。

贝叶斯纳什均衡（Bayesian Nash Equilibrium）是完全信息静态博弈纳什均衡在不完全信息静态博弈上的扩展。约翰·海萨尼（John Harsanyi）提出的一般化一致性贝叶斯博弈模型已成为信息经济学的标准分析框架。约翰·海萨尼指出，当均衡为随机化的时候，每个博弈方的行为可能关键性地依赖于博弈方所知道的私人信息，即使这个因素对博弈方只存在微不足道的影响。

在不完全信息静态博弈中，博弈方同时行动，没有机会观察到别人的选择。给定其他博弈方的选择，每个博弈方的最优策略依赖于自己的类型。由于每个博弈方仅知道其他博弈方有关类型的分布概率，而不知道其真实类型，因而他不知道其他博弈方实际上会选择什么策略。但是，他能够正确地预测到其他博弈方的选择与其各自的有关类型之间的关系。因此，该博弈方的决策目标就是：在给定自己的类型，以及给定其他博弈方的类型与策略选择之间关系的条件下，使得自己的期望效用最大化。

定义 6.1　贝叶斯纳什均衡[①]

考虑 n 人不完全信息静态博弈 $G=\{A_1,\cdots,A_n;\theta_1,\cdots,\theta_n;P;u_1,\cdots,u_n\}$ 的纯策略贝叶斯纳什均衡是一个类型依存策略组合 $\{a_i^*(\theta_i)\}_{i=1}^n$，其中每个博弈方 i 在给定自己的类型 θ_i 和其他博弈方类型依存策略 $a_{-i}^*(\theta_{-i})$ 的情况下最大化自己的期望效用函数 u_i。换言之，策略组合 $a^*=(a_1^*(\theta_1),\cdots,a_n^*(\theta_n))$ 是贝叶斯纳什均衡；如果对于所有的 i，$a_i\in A_i(\theta_i)$，$a_i^*(\theta_i)\in\arg\max\limits_{a_i}\sum p_i(\theta_{-i}|\theta_i)u_i(a_i,a_i^*(\theta_i),\theta_i,\theta_{-i})$。

6.2　不完全信息下企业产量决策博弈模型[②]

本节介绍不完全信息下企业产量决策博弈模型。该模型有六个主要假设：

（i）有两个博弈方，企业 1 和 2，它们生产单周期单类产品用来满足市场上的顾客需求；

（ii）两家企业生产相同质量同种类型的产品；

（iii）用 q_i 表示企业 i 的产量，$P=a-(q_1+q_{2j})$ 代表逆需求函数，其中 P 是市场出清价格，即两家企业生产的产品能全部销售，a 为常数且 $a>0$，q_{2j} 表示企业 2 采取 j 种技术时的产量，$j=H,L$；

（iv）两家企业的生产都无固定成本，企业 1 的生产成本函数为 $C_1(q_1)=c_1q_1$，其中 c_1 称为企业 1 的边际成本，企业 2 采用 2 种技术进行生产，它采用高成本技术进行生产的成本函数为：$C_2(q_{2H})=c_Hq_{2H}$，企业 2 采用低成本技术进行生产的成本函数为：$C_2(q_{2L})=c_Lq_{2L}$；

（v）企业 2 知道自己采用哪一种技术，而企业 1 不知道企业 2 采

① Harsanyi J C. Games with Randomly Disturbed Payoffs: a New Rationale for Mixed-Strategy Equilibria [J]. International Journal of Game Theory, 1973, 2 (1): 1-23.

② 禹海波编著. 管理方法论 [M]. 北京：中国财政经济出版社，2008.

用哪种技术，但知道企业 2 采用高成本技术的概率为 θ，采用低成本技术的概率为 $1-\theta$（不完全信息）；

（vi）两家企业同时决策（静态）。

问题：（i）写出两企业各自的利润；（ii）写出两企业各自的最优产量和最优利润；（iii）列表格对完全信息与不完全信息下两企业的最优产量和最优利润进行比较；（iv）给出管理启示。

解：

（i）记企业 1 的利润为 π_1（q_1，q_{2H}，q_{2L}），企业 2 的利润为 π_{2j}（q_1，q_{2H}，q_{2L}），$j=H$，L，则企业 1 和 2 的利润分别是：

$$\pi_1(q_1, q_{2H}, q_{2L}) = \theta q_1(a-q_1-q_{2H}-c)+(1-\theta)q_1(a-q_1-q_{2L}-c) \quad (6-1)$$

$$\pi_{2H}(q_1, q_{2H}, q_{2L}) = q_{2H}(a-q_1-q_{2H}-c_H) \quad (6-2)$$

$$\pi_{2L}(q_1, q_{2H}, q_{2L}) = q_{2L}(a-q_1-q_{2L}-c_L) \quad (6-3)$$

（ii）记 $\partial\pi_1$（q_1，q_{2H}，q_{2L}）$/\partial q_1$ 为企业 1 的利润 π_1（q_1，q_{2H}，q_{2L}）对 q_1 的一阶偏导数，则（6－1）式两边分别对 q_1 求一阶偏导数得：

$$\partial\pi_1(q_1, q_{2H}, q_{2L})/\partial q_1 = \theta(a-2q_1-q_{2H}-c)+(1-\theta)(a-2q_1-q_{2L}-c) \quad (6-4)$$

令 $\partial\pi_1$（q_1，q_{2H}，q_{2L}）$/\partial q_1=0$，得反应函数：

$$q_1 = (\theta(a-q_{2H}-c)+(1-\theta)(a-q_{2L}-c))/2 \quad (6-5)$$

记 $\partial\pi_{2j}$（q_1，q_{2H}，q_{2L}）$/\partial q_{2j}$，$j=H$，L 为企业 2 的利润 π_{2j}（q_1，q_{2H}，q_{2L}）对 q_{2j}的一阶偏导数，则（6－2）和（6－3）式两边分别对 q_{2j} 求一阶偏导数得：

$$\partial\pi_{2j}(q_1, q_{2H}, q_{2L})/\partial q_{2j} = a-q_1-2q_{2j}-c_j, j=H,L \quad (6-6)$$

令 $\partial\pi_{2j}$（q_1，q_{2H}，q_{2L}）$/\partial q_{2j}=0$，$j=H$，L，得反应函数：

$$q_{2j} = (a-q_1-c_j)/2, j=H,L \quad (6-7)$$

记 q_1^* 为企业 1 的最优产量，q_{2j}^* 为企业 2 的最优产量，$j=H$，L，联立（6－5）和（6－7）式，得企业 1 和 2 的最优产量分别是：

$$q_1^* = \frac{1}{3}(a - 2c + \theta c_H + (1-\theta)c_L) \tag{6-8}$$

$$q_{2H}^* = \frac{a + c - 2c_H}{3} + \frac{1-\theta}{6}(c_H - c_L) \tag{6-9}$$

$$q_{2L}^* = \frac{a + c - 2c_L}{3} - \frac{\theta}{6}(c_H - c_L) \tag{6-10}$$

记 $\pi_1^* = \pi_1$（q_1^*，q_{2H}^*，q_{2L}^*）为企业 1 的最优利润，$\pi_{2j}^* = \pi_{2j}$（q_1^*，q_{2H}^*，q_{2L}^*）表示企业 2 的最优利润，$j = H, L$，将（6－8）、（6－9）和（6－10）式分别代入（6－1）、（6－2）和（6－3）式，得企业 1 和 2 的最优利润分别是：

$$\pi_1^* = \frac{1}{9}(a - 2c + \theta c_H + (1-\theta)c_L)^2 \tag{6-11}$$

$$\pi_{2H}^* = \left(\frac{a + c - 2c_H}{3} + \frac{1-\theta}{6}(c_H - c_L)\right)^2 \tag{6-12}$$

$$\pi_{2L}^* = \left(\frac{a + c - 2c_L}{3} - \frac{\theta}{6}(c_H - c_L)\right)^2 \tag{6-13}$$

（iii）取 $c_1 = c_{2H} = c$，$c_{2L} = c/2$，分别比较完全信息状态（$\theta = 1$）和不完全信息状态下（$\theta = 1/2$）两家企业的最优产量和最优利润，具体见表 6.1。

（iv）信息对企业 1 和企业 2 的影响不相同。对企业 1 来说，在完全信息（$\theta = 1$）情形下能获得更多利润；对企业 2 来说，在不完全信息（$\theta = 1/2$）情形下获得更多利润。

表 6.1　完全信息（$\theta = 1$）与不完全信息（$\theta = \frac{1}{2}$）下最优决策对比

	$\theta = 1$	$\theta = 1/2$
最优产量	$q_1^* = (a - c)/3$ $q_{2H}^* = (a - c)/3$ $q_{2L}^* = (a - c/4)/3$	$q_1^* = (a - 5c/4)/3$ $q_{2H}^* = (a - 7c/8)/3$ $q_{2L}^* = (a - c/8)/3$
最优利润	$\pi_1^* = (a - c)^2/9$ $\pi_{2H}^* = (a - c)^2/9$ $\pi_{2L}^* = (a - c/4)^2/9$	$\pi_1^* = (a - 5c/4)^2/9$ $\pi_{2H}^* = (a - 7c/8)^2/9$ $\pi_{2L}^* = (a - c/8)^2/9$

6.3 考虑信息透明的企业产量决策博弈模型①

考虑一个市场中有 n 家企业（$n \geqslant 2$），每家企业所采用的技术是不确定的，它们可以通过 B2B 在线交易所或者传统线下方式进行交易。事件发生的顺序如下：(1) 企业决定是否加入 B2B 平台时，需要了解 B2B 平台将向其他交易所成员发出有关其成本数据的信号；(2) 根据第一阶段的决定，每个企业在最初获得自己的成本数据后，可以在 B2B 平台中获取其他企业成本的额外信息；(3) 每家企业根据第二阶段的信息集决定其产量或价格水平。考虑信息透明的企业产量决策博弈模型有五个主要假设。

(i) 市场价格 p 有如下定义：

$$p = d - \sum_{i=1}^{n} q_i \tag{6-14}$$

其中 q_i 表示第 i 家企业的产量，$i = 1, 2, \cdots, n$，d 是常数且 $d > 0$。

(ii) n 家企业均没有固定成本，边际成本记为 c_i，则成本函数可写为 $C_i(q_i) = c_i q_i$，$i = 1, 2, \cdots, n$。

(iii) n 家企业中有 k 家加入了 B2B 平台（$1 < k \leqslant n$），k 家企业互相知道彼此的成本信息，它们的信息集合 $I_i = \{c_1, \cdots, c_i, \cdots, c_k\}$，$i \in K$，剩余的（$n-k$）家企业只知道自己的成本信息，信息集合 $I_j = \{c_j\}$，$j \in N \backslash K$，B2B 交易所示意见图 6.1。

(iv) B2B 交易所有助于信息透明，因为观察到的交易数据与成本完全相关（即信号中没有噪音）。

(v) 信息传递只能通过 B2B 交易所完成。

问题：(i) 写出 n 家企业各自的最优产量和均衡利润；(ii) 给出管理启示。

① Zhu, K. Information Transparency of Business-to-Business Electronic Markets: A Game-Theoretic Analysis [J]. Management Science, 2004, 50 (5): 670-685.

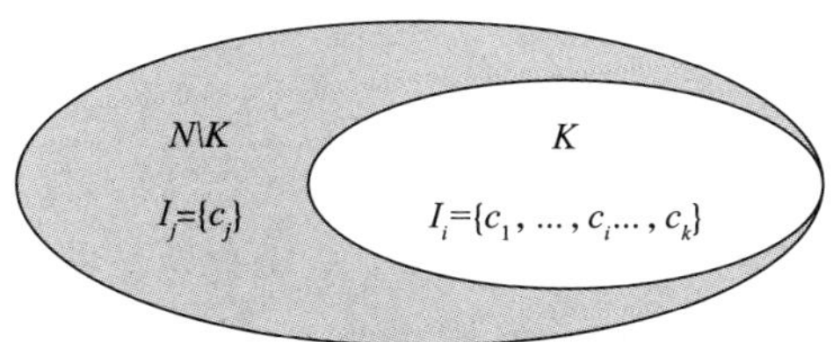

图 6.1　B2B 交易所示意

解：（i）通过逆推归纳法，我们首先检查最后一个阶段（最优产量），然后逆向分析第一阶段（是否加入 B2B 平台）。我们分析 B2B 平台成员和非成员两种不同信息集对应的最优策略。B2B 交易所第 i 个成员企业的目标是在已知其信息集 $I_i = \{c_1, \cdots, c_i, \cdots, c_k\}$，$i \in K$ 的条件下追求自身的期望利润最大化，即：

$$\max_{q_i} E[\pi_i \mid I_i] = (d - q_i - \sum_{\substack{m=1 \\ m \neq i}}^{k} E[q_m \mid I_i] - \sum_{j=k+1}^{n} E[q_j(c_j) \mid I_i] - c_i) q_i \tag{6-15}$$

解这个最大化问题可以得到 B2B 平台第 i 个成员企业的最优产量 q_i^*：

$$q_i^* = \bar{q} + \psi \sum_{m=1}^{k} (c_m - \mu) - \phi(c_i - \mu), i \in K \tag{6-16}$$

其中 $\psi = \frac{1}{k+1}\left(1 + \frac{\beta\rho(n-k)}{1+\rho(k-1)}\right), \phi = 1, \bar{q} = \frac{1}{n+1}(d - \mu)$

下面考虑非成员企业的利润优化问题，$j \in N \setminus K$。由于无法访问 B2B 平台汇总的信息，每个企业的信息集仅限于其私人成本数据 c_j。当它做出决策时，企业 j 的目标是在已知其信息集 $I_j = \{c_j\}$，$j \in N \setminus K$ 的条件下追求自身期望利润最大化，即：

$$\max_{q_j} E[\pi_j \mid I_j] = (d - q_j - \sum_{i=1}^{k} E[q_i \mid c_j] - \sum_{\substack{m=k+1 \\ m \neq j}}^{n} E[q_m \mid c_j] - c_j) q_j, j \in N \setminus K \tag{6-17}$$

解（6－17）式可以得到非 B2B 交易所成员企业 j 的最优产量：

$$q_j^* = \bar{q} + \beta(\mu - c_j) \tag{6-18}$$

其中 $\beta = \dfrac{(1+k-kp)(1+\rho(k-1))}{(1+k)(1+\rho(k-1))(2+\rho(n-k-1))-\rho^2k^2(n-k)}$

系数 ϕ、Ψ 和 β 代表成员企业和非成员企业的行为。通过对 ϕ，Ψ 和 β 的计算，可以发现灵敏度系数 Ψ 和 β 均为正数且小于 1。

将（6－16）式中的 q_i^* 代入（6－15）式中得 B2B 平台第 i 个成员企业的均衡利润 $E[\pi_i^*]$ 为：

$$E[\pi_i^*] = [E(q_i^*)]^2 + \Psi^2(k-1)(1+(k-2)\rho)\sigma^2, i \in K \tag{6-19}$$

将（6－18）式中的 q_j^* 代入（6－17）式中得非 B2B 平台成员企业 j 的均衡利润 $E[\pi_j^*]$ 为：

$$E[\pi_j^*] = [E(q_j^*)]^2, j \in N \backslash K \tag{6-20}$$

这里，$\Psi^2(k-1)(1+(k-2)\rho)\sigma^2>0$，交易所成员的均衡利润增加了成本的方差 σ^2，这反映了利润作为成本函数的凸性，即 $\partial\Delta\pi/\partial\sigma^2=\Psi^2(k-1)(1+(k-2)\rho)\sigma^2>0$，因此当企业面临较强的不确定性时，即 $\partial\Delta\pi/\partial\sigma^2>0$ 时，企业将有更强的动机加入 B2B 交易所。$\Psi^2(k-1)(1+(k-2)\rho)\sigma^2$ 代表 B2B 平台中信息透明的好处，即 B2B 平台在企业面对的不确定强的时候（σ^2 更高时）会更有价值。

（ii）在得到了最优产量和均衡利润之后，我们现在准备确定 B2B 平台中的企业是否能够获得比非会员企业更高的期望利润。对于任意给定的交易所规模 k，$i\in k$，$j\in N\backslash k$，当 $E[\pi_i^*]>E[\pi_j^*]$，在经典帕累托优势理论下，每家企业都认为信息交换是有益的。

为了比较加入 B2B 平台和线下交易的预期利润，我们量化了预期利润差异，$\Delta\pi=E[\pi_i^*]-E[\pi_j^*]$，即 $\Delta\pi=(E[q_i^*])^2-(E[q_j^*])^2+\Psi^2(k-1)(1+(k-2)\rho)\sigma^2$，$\Delta c=c_i-\mu$，则 $\Delta\pi$ 可以被写成 Δc 的二次函数，即 $\Delta\pi=(\Psi-\phi+\beta)(\Psi-\phi-\beta)(\Delta c)^2+2(\Psi-\phi+\beta)\bar{q}\Delta c+\Psi^2(k-1)(1+(k-2)\rho)\sigma^2$。

通过求解 $\Delta\pi$ 关于 Δc 的一阶和二阶导数，可知 $\Delta\pi$ 是一个凸函数。解方程 $\Delta\pi=0$ 得：

$$\hat{c}=\mu+\frac{\bar{q}-\sqrt{\bar{q}^{2}-\frac{\psi-\phi-\beta}{\psi-\phi+\beta}\psi^{2}(k-1)(1+(k-2)\rho)\sigma^{2}}}{\phi+\beta-\psi} \tag{6-21}$$

（6-21）式中当 $c_i \leq \hat{c}$ 时，$E[\pi_i^*] > E[\pi_j^*]$，即低成本的企业将更有动力加入 B2B 平台，它们可获得更高的利润。而当 $\hat{c} > c_i$ 时，成本高的企业将缺乏参与 B2B 平台的动力。

6.4　考虑信息透明的企业价格决策博弈模型①

6.3 节给出了在产量竞争中，信息透明度如何影响企业参与 B2B 平台的动机。在许多实际情况下，企业竞争的是价格而不是产量。根据 B2B 平台使用的具体价格机制，价格竞争在某些情况下可能更合适。在本节中，我们将 6.3 节介绍的模型扩展到价格竞争情形。用与 6.3 节类似的方法，首先为参与 B2B 平台的企业和参与 B2B 平台的企业推导出最优定价策略 p_i^* 和 p_j^*，然后比较加入 B2B 交易所和利用传统线下交易方式的预期均衡利润。考虑信息透明的企业价格决策博弈模型有五个主要假设。

（i）市场需求是线性的，但不同企业之间的产品是有差异的，即：

$$q_i = d - p_i + \theta\sum_{m\neq i} p_m \tag{6-22}$$

其中 q_i 表示第 i 家企业的产量，$i=1, 2, \cdots, n$，d 是常数且 $d>0$，p_i 表示第 i 家企业的市场销售价格，$\theta\in[-1, 1]$ 表示产品的差异化程度，$\theta>0$、$\theta=0$、$\theta<0$ 分别表示替代产品、独立产品、互补产品。

（ii）n 家企业均没有固定成本，边际成本记为 c_i，则成本函数可写为 $C_i(q_i)=c_iq_i$，$i=1, 2, \cdots, n$。

（iii）n 家企业中有 k 家加入了 B2B 在线交易所（$1<k\leq n$），k 家企业互相知道彼此的成本信息，它们的信息集合 I_i 为 $I_i=\{c_1, \cdots,$

① Zhu, K. Information Transparency of Business-to-Business Electronic Markets: A Game-Theoretic Analysis [J]. Management Science, 2004, 50 (5): 670-685.

c_i，…，$c_k\}$，$i \in K$，剩余的（$n-k$）家企业只知道自己的成本信息，信息集合 I_j 为 $I_j = \{c_j\}$，$j \in N \backslash K$。

（iv）B2B 交易所有助于信息透明，因为观察到的交易数据与成本完全相关（即信号中没有噪音）。

（v）信息传递只能通过 B2B 交易所完成。

问题：（i）写出 n 家企业各自的最优销售价格和均衡利润；（ii）给出管理启示。

解：（i）通过逆推归纳法，我们首先检查最后一个阶段（最优销售价格），然后逆向分析第一阶段（是否加入 B2B 交易所）。我们分析 B2B 交易所成员和非成员两种不同信息集对应的最优策略。B2B 交易所第 i 个成员企业的目标是在已知其信息集 $I_i = \{c_1, \cdots, c_i, \cdots, c_k\}$，$i \in K$ 的条件下追求自身的期望利润最大化，即：

$$\max_{p_i} E[\pi_i \mid I_i] = (p_i - c_i)(d - p_i + \theta(\sum_{m \neq i} p_m \mid I_i)), i \in K \qquad (6-23)$$

在伯川德模型中，企业基于它们的边际成本和对其他公司策略的猜测来选择价格，得到 B2B 交易所第 i 个成员企业的最优销售价格 p_i^*：

$$p_i^* = \bar{p} + \gamma \sum_{m=1}^{k} (c_m - \mu) + \frac{1}{2+\theta}(c_i - \mu) = \bar{p} + \gamma \sum_{m=1}^{k} \Delta c_m + \frac{1}{2+\theta} \Delta c_i \qquad (6-24)$$

其中：

$$\gamma = \frac{\theta}{(2+\theta-k\theta)}\left(\frac{1}{2+\theta} + \frac{(n-k)\beta\rho}{1+\rho(k-1)}\right) \qquad (6-25)$$

$$\bar{p} = \frac{d+\mu}{2+\theta-n\theta} \qquad (6-26)$$

其中 $\bar{p}$ 表示不存在成本不确定性时的均衡价格。γ 是已知参数 θ、ρ、n、k 和未知参数 β 的函数，这意味着会员的定价策略也依赖于它们对非会员定价决策的猜测。如前所述，非 B2B 交易所成员企业定价策略是其成本的线性函数。

考虑非成员企业的利润优化问题，$j \in N \backslash K$。由于无法访问 B2B 交易所汇总的信息，每个企业的信息集仅限于其自己的私人成本数据 c_j。

当它做出决策时，企业 j 的目标是在已知其信息集 $I_j=\{c_j\}$，$j\in N\backslash K$ 的条件下追求自身的期望利润最大化，即：

$$\max_{p_j} E[\pi_j \mid I_j] = (p_j - c_j)(d - p_j + \theta(\sum_{m\neq j} p_m \mid I_j)),\ j \in N\backslash K \qquad (6-27)$$

解这个最大化问题可以得到非 B2B 交易所成员企业 j 的最优销售价格 p_j^*：

$$p_j^* = \bar{p} + \beta\Delta c_j \qquad (6-28)$$

其中：

$$\beta = \frac{(2+\theta-k\theta+\rho\theta k)(1+\rho(k-1))}{(2-\rho\theta(n-k-1))(2+\theta-k\theta)(1+\rho(k-1))-\rho^2\theta^2k^2(n-k)} \qquad (6-29)$$

这表明 β 可以从已知的参数 θ、ρ、n、k、μ 和 d 计算出来。

将（6－24）式中的 p_i^* 代入（6－23）式中得 B2B 交易所第 i 个成员企业的均衡利润为：

$$E[\pi_i^*] = (E[p_i^*] - c_i)^2 + y^2(k-1)(1+(k-2)\rho)\sigma^2,i\in K \qquad (6-30)$$

将（6－28）式中的 p_j^* 代入（6－27）式中得非 B2B 交易所成员企业 j 的均衡利润为：

$$E[\pi_j^*] = (E[p_j^*] - c_j)^2,\ j\in N\backslash K \qquad (6-31)$$

为了比较加入 B2B 交易所与线下交易的预期利润，记两者之间的差异为 $\Delta\pi = E[\pi_i^*] - E[\pi_j^*]$，即：

$$\Delta\pi = \underbrace{y^2(k-1)(1+(k-2)\rho)\sigma^2}_{\text{第1项}} + \underbrace{(E[p_i^*]-c_i)^2 - (E[p_j^*]-c_j)^2}_{\text{第2项}} \qquad (6-32)$$

第 1 项表示通过 B2B 交换进行信息聚合的好处。因为：

$$y^2(k-1)(1+(k-2)\rho)\geqslant 0,\ \forall k\geqslant 2,\rho>0,\frac{\partial\Delta\pi}{\partial\sigma^2} = y^2(k-1)(1+(k-2)\rho)\geqslant 0 \qquad (6-33)$$

这意味着当企业面临更高的不确定性 σ^2 时，B2B 交易将更有价值。因此，企业会有更强的动机加入 B2B 交易所，这个结果与产量竞争下的结论相似。此外，检查 $\Delta\pi$ 会得出以下结果。解方程 $\Delta\pi=0$ 得：

$$\hat{c} = \mu + \frac{1}{2-\gamma-\beta}\left(\bar{p} - \mu - \sqrt{(\bar{p}-\mu)^2 + \frac{2-\gamma-\beta}{\gamma-\beta}\gamma^2(k-1)(1+(k-2)\rho)\sigma^2}\right) \tag{6-34}$$

通过（6－30）式可得，B2B 交易所成员企业能否获得更高的期望利润，取决于产品的性质和企业的成本状况。具体地说，当 $\theta>0$ 且 $c_i \leqslant \hat{c}$ 时，$E[\pi_i^*] \geqslant E[\pi_j^*]$；当 $\theta<0$ 且 $c_i \geqslant \hat{c}$ 时，$E[\pi_i^*] \geqslant E[\pi_j^*]$。

（ii）当产品是替代品（即 $\theta>0$）时，信息交换提高了交换成员之间的定价效率。此外，信息交换影响了市场竞争的性质，使得线上和线下市场之间的竞争更加激烈，而交易所成员之间则更加容易“串通”。低成本企业将试图通过在交易所成员之间形成一个隐性联盟来主导市场。企业的低成本使它们更具竞争力，可阻止交易所非成员与它们进行价格战，这有利于低成本企业。

另一方面，当产品是互补品（即 $\theta<0$）时，企业有增加整个市场需求的动机。为了鼓励更多的买家购买互补产品，一个公司希望看到其他公司降低价格，而自己仍然保持较高的价格。

关于 B2B 平台的信息角色，我们发现，企业加入 B2B 平台的动机容易受到相对成本、产品性质、竞争类型和不确定性程度的影响。某些类型的公司（例如，替代产品的高成本供应商）将缺乏加入交易所的动机，因为信息透明对它们而言弊大于利。与人们普遍认为的信息透明只有好处不同，信息透明实际上是一把双刃剑。

还有许多有待进一步研究的问题。比如，如果一家公司加入 B2B 平台但不进行交易时会发生什么？该公司将从交易所汇集的信息中获益，但仍将自己的信息保密。对于交易所运营商来说，在不进行交易的情况下获取此类信息仍然是一个具有挑战性的问题。

习题

1. 如何证明不完全信息博弈模型中信息的价值？举例说明。

2. 从不完全信息博弈角度解释为什么孙膑的“减灶退兵计”能够成功。

第7章　超模博弈理论

本章介绍超模博弈理论，包括超模博弈理论提出的背景、超模函数的概念与性质、超模博弈的概念与性质、超模博弈研究及其应用知识等，是本书第 8 ~ 9 和第 11 章中涉及判断均衡策略单调性的研究基础。

7.1　超模博弈理论提出的背景

2020 年的诺贝尔经济学奖颁给了保罗·米尔格罗姆（Paul R. Milgrom）和罗伯特·威尔逊（Robert B. Wilson），以表彰他们对拍卖理论的贡献。其中保罗·米尔格罗姆对“超模博弈”（Supermodular Game）做出了开创性贡献，并把它用在组织分析以及经济史研究中。超模博弈为互补策略博弈提供了普适性方法，其影响力和重要性源于该模型的广泛应用，涵盖技术采用、军备竞赛、审前谈判、多人伯川德模型以及两人的古诺模型等。

超模博弈理论的主要内容包括开创性的 Topkis 定理①和保罗·米尔格罗姆与罗伯特·威尔逊的有影响力的研究②。保罗·米尔格罗姆与罗伯特·威尔逊首先将以前的基数超模博弈改变为序数超模博弈，并采

① Topkis D M. Minimizing a Submodular Function on a Lattice [J]. Operations Research, 1978, 26 (2): 305 - 321.

② Milgrom P, Roberts J. Rationalizability, Learning, and Equilibrium in Games with Strategic Complementarities [J]. Econometrica: Journal of the Econometric Society, 1990, 58 (6): 1255 - 1277.

用比较静态方法推导出了纯策略的纳什均衡集。每个博弈方都有一个最大和最小准则的理性策略空间，每个博弈方采用的最大准则策略是一个纯策略纳什均衡，与策略空间中每个博弈方采用的最小准则策略类似。这意味着纳什均衡集和相关理性均衡集具有同样的边界，边界对外生变量具有单调性，这使模型具有简单的假设和强大的预测能力。另外，超模博弈产生的均衡是比较静态分析的结果，博弈方的得益受到一些特定参数的影响，最大和最小准则的理性选择的均衡均是受到参数影响后的均衡。这两个基本原因使得超模博弈在理论和应用方面具有重大的影响。

7.2 超模函数的概念与性质

本节介绍超模函数（次模函数）、函数增差（函数减差）的概念及其等价关系。

假设 S 是 n 维实数集合 R^n 的子集，$S\subseteq R^n$，对 S 中两个元素 y，y'，y，$y'\in S$，可表示为 $y=(y_1,\cdots,y_n)$，$y'=(y'_1,\cdots,y'_n)$。记 $y_i\vee y'_i=\max(y_i,y'_i)$ 为 y_i 和 y_i'的最大值，$y_i\wedge y'_i=\min(y_i,y'_i)$ 为 y_i 和 y'_i 的最小值，$i=1$，…，n。记 $y\vee y'=(y_1\vee y'_1,\cdots,y_n\vee y'_n)$，$y\wedge y'=(y_1\wedge y'_1,\cdots,y_n\wedge y'_n)$。当 y，$y'\in S$ 时，如果也有 $y\vee y'\in S$ 且 $y\wedge y'\in S$，则称 S 为**格子**（Lattice）。

下面定义 7.1 和 7.2 分别是次模函数（超模函数）及函数减差（函数增差）的定义，这些定义可用于解决 7.3 节次模博弈（超模博弈）及第 9 章和第 11 章分析最优决策关于行为参数的单调性。

定义 7.1　次模函数、超模函数[①]

假设 ϕ（·）是定义在格子 S 上的实值函数，ϕ：$S\rightarrow R$。

(i) 如果下列条件对所有 y，$y'\in S$ 都成立，则称 ϕ（·）为 S 上的次模函数（Submodular Function）：

---

① Topkis D M. Minimizing a Submodular Function on a Lattice [J]. Operations Research, 1978, 26 (2): 305 - 321.

$$\phi(y \vee y') + \phi(y \wedge y') \leq \phi(y) + \phi(y') \tag{7-1}$$

（ii）对定义在格子 S 上的实值函数 ϕ（·），若 $-\phi$（·）是次模函数，则 ϕ（·）为 S 上的超模函数（Supermodular Function）。

这里分别给出一个超模函数和一个次模函数的例子。

例 7.1[①]　假设 $S \subseteq R^n$，$S' \subseteq R^n$ 是两个格子，函数 ϕ：$S \times S' \to R$，则 $\phi(y, y') = \sum_{i=1}^{n} y_i y'_i$ 是超模函数，其中 $y = (y_1, \cdots, y_n)$，$y' = (y'_1, \cdots, y'_n)$。$<x, y'>$ 内积。

例 7.2[②]　假设 $S \subseteq R^n$，$S' \subseteq R^n$ 是两个格子，g：$R^n \to R$ 是一个可微分的凸函数，特别地，取 $\phi(y, y') = \sum_{i=1}^{n} (y_i - y'_i)^+$，则 $\phi(y, y')$ 是次模函数，其中 $y = (y_1, \cdots, y_n)$，$y' = (y'_1, \cdots, y'_n)$。

与变量之间的互补性相对应的另外一个重要概念是函数增差（函数减差）。

定义 7.2　函数减差、函数增差[③]

假设 S_1 和 S_2 是两个格子，ϕ（·）是定义在格子 $S_1 \times S_2$ 上的实值函数，ϕ：$S_1 \times S_2 \to R$。取 $y \in S_1$，

（i）对任意 $z, z' \in S_2$ 且 $z < z'$，如果 $\phi(y, z') - \phi(y, z)$ 在 S_1 上是 y 的单调减函数，则称 ϕ（·）有减差。

（ii）对任意 $z, z' \in S_2$ 且 $z < z'$，如果 $\phi(y, z') - \phi(y, z)$ 在 S_1 上是 y 的单调增函数，则称 ϕ（·）有增差。

在一个博弈中，如果 y 代表某一个博弈方的策略，y' 代表另一个博弈方的策略，记 $\phi_1(y, y')$ 代表第一个博弈方的支付函数，则 $\phi_1(y, y')$ 在 (y, y') 上具有增差，意味着博弈方之间策略有互补性，即当

---

① He S, Zhang J, Zhang S. Polymatroid Optimization, Submodularity, and Joint Replenishment Games [J]. Operations Research, 2012, 60 (1): 128 - 137.

② He S, Zhang J, Zhang S. Polymatroid Optimization, Submodularity, and Joint Replenishment Games [J]. Operations Research, 2012, 60 (1): 128 - 137.

③ Topkis D M. Minimizing a Submodular Function on a Lattice [J]. Operations Research, 1978, 26 (2): 305 - 321.

第二个博弈方增加其行动变量时，第一个博弈方也会增加其行动变量。

由于本书中所讨论的博弈模型的策略空间为连续的，所以规定实数 R 上的顺序关系为通常的序关系。而对于 n 维欧氏空间中的向量 $y=(y_1, \cdots, y_n)$ 与 $y'=(y'_1, \cdots, y'_n)$，$y' \geq y$ 等价于 $y'_i \geq y_i$ 对所有 $i=1, \cdots, n$ 成立。

引理 7.1 给出了函数的次模性（超模性）与函数减差（增差）之间的关系。

引理 7.1①

（i）假设 S_i 是一个格子，$i=1, \cdots, n$，$S \subseteq S_1 \times \cdots \times S_n$，$S$ 是子格子，且 $\phi(\cdot)$ 是定义在 S 上的次模（严格次模）函数，则 $\phi(\cdot)$ 在 S 上有减差（严格减差）。

（ii）假设 S_i 是一个链，$i=1, \cdots, n$，$\phi(\cdot)$ 在 $S_1 \times \cdots \times S_n$ 上有减差（严格减差），则 $\phi(\cdot)$ 是定义在 $S_1 \times \cdots \times S_n$ 上的次模（严格次模）函数。

注 7.1　函数的超模性（次模性）在经济上都代表着互补性，引理 7.1 表明对于 n 维欧氏空间 R^n 上的可微实值函数，判定其次模性（超模性）的问题可以转化为判定其是否有减差（增差）的问题，引理 7.1 的证明参见 Topkis 的定理 3.1。

下面引理 7.2 给出判定 n 维欧氏空间 R^n 上可微实值函数是次模（超模）函数的充分或充分必要条件。

引理 7.2②　假设 S 是 n 维欧氏空间 R^n 上的子集，实值函数 ϕ: $S \to R$。

（i）假设 $\phi(\cdot)$ 在 S 上可微，则 $\phi(y)$ 是 S 上次模函数（超模函数）的充分必要条件是对所有 $i, j=1, \cdots, n$，$i \neq j$ 和 $y \in S$，$\partial\phi(y)/\partial y_i$ 是 y_j 的单调减（单调增）函数。

---

① Topkis D M. Minimizing a Submodular Function on a Lattice [J]. Operations Research, 1978, 26 (2): 305-321.

② Topkis D M. Minimizing a Submodular Function on a Lattice [J]. Operations Research, 1978, 26 (2): 305-321.

（ii）假设 $\phi(\cdot)$ 在 S 上二次可微，则 $\phi(y)$ 是 S 上次模函数（超模函数）的充分必要条件是对所有 $y \in S$，$\partial^2\phi(y)/\partial y_i \partial y_j \leqslant (\geqslant) 0$，$i, j = 1, \cdots, n$，$i \neq j$。

下面考虑如何利用定义 7.1 和定义 7.2 中次模函数（超模函数）及函数减差（函数增差）的定义，来解决含有参数的最小化决策问题：

$$\min_{y \in S_\theta} \phi(y, \theta) \tag{7-2}$$

其中 y 是决策变量，约束集 S_θ 和目标函数 $\phi(y, \theta)$ 均为参数 θ 的函数，Θ 是一个偏序集，$\theta \in \Theta$。记 S_θ^* 为给定 $\theta \in \Theta$ 时（7-2）式的最优解的集合。主要目标是寻找在何种条件下，使得在 S_θ^* 中选取的最优解 y_θ^* 关于参数 θ 具有单调性。

注 7.2　引理 7.2 的证明参见 Topkis 的定理 3.2。

引理 7.3 给出优化问题（7-2）式的最优解关于参数具有单调性的条件。

引理 7.3[①]　S 是一个格子，Θ 是一个偏序集，$S_\theta \subseteq S$，S_θ 关于 θ 递增。

（i）对任意 $\theta \in \Theta$，$\phi(y, \theta)$ 在 S 上是 y 的次模函数，且 $\phi(y, \theta)$ 在 $S \times \Theta$ 上是 (y, θ) 的减差函数，则最优解 $y_\theta^* \in S_\theta^*$ 是 θ 的单调增函数。

（ii）对任意 $\theta \in \Theta$，$\phi(y, \theta)$ 在 S 上是 y 的超模函数，且 $\phi(y, \theta)$ 在 $S \times \Theta$ 上是 (y, θ) 的增差函数，则最优解 $y_\theta^* \in S_\theta^*$ 是 θ 的单调减函数。

注 7.3　引理 7.3 证明参见 Topkis 的定理 6.1。

下面考虑含有参数的最大化决策问题：

$$\max_{y \in S_\theta} \psi(y, \theta) \tag{7-3}$$

---

① Topkis D M. Minimizing a Submodular Function on a Lattice [J]. Operations Research, 1978, 26 (2): 305-321.

其中 y 是决策变量，约束集 S_θ 和目标函数 ψ（y，θ）均为参数 θ 的函数，$\theta \in \Theta$。记 S_θ^* 为给定 $\theta \in \Theta$ 时（7－3）式的最优解的集合。

下面性质 7.1 给出（7－3）式的最优解关于参数 θ 具有单调性的条件，性质 7.1 的证明方法与 Topkis 的定理 6.1 的证明类似，证明过程略。

性质 7.1　如果 S 是一个格子，Θ 是一个偏序集，$S_\theta \subseteq S$，S_θ 关于 θ 递增。

（i）对任意 $\theta \in \Theta$，ϕ（y，θ）在 S 上是 y 的次模函数，且 ϕ（y，θ）在 $S \times \Theta$ 上是（y，θ）的减差函数，则最优解 $y_\theta^* \in S_\theta^*$ 是 θ 的单调减函数。

（ii）对任意 $\theta \in \Theta$，ϕ（y，θ）在 S 上是 y 的超模函数，且 ϕ（y，θ）在 $S \times \Theta$ 上是（y，θ）的增差函数，则最优解 $y_\theta^* \in S_\theta^*$ 是 θ 的单调增函数。

注 7.4　引理 7.2 与性质 7.1 分别对应最小化和最大化决策问题，二者的最优解关于参数具有单调性的条件均为次模性与减差性，或超模性与增差性。它只要求交叉偏导数非负或非正，对二阶偏导数没有任何要求，也不要求函数的凹性。

7.3　超模博弈的概念与性质

本节介绍超模博弈（次模博弈）的概念及其与纳什均衡的关系。

定义 7.3 给出次模博弈（超模博弈）的定义。

定义 7.3　次模博弈与超模博弈①②

考虑 n 人博弈 $G = \{N, (S_i, \phi_i(y_i, y_{-i})), i \in N\}$，其中 $N = \{1, \cdots, n\}$，策略集合为 S，ϕ_i（y）为博弈方 i 的得益，$y \in S$ 为博弈的策略。

① Topkis D M. Equilibrium Points in Nonzero-sum N-Person Submodular Games [J]. SIAM Journal on Control and Optimization, 1979, 17 (6): 773－787.

② Topkis D M. Supermodularity and Complementarity [M]. Princeton: Princeton University Press, 1998.

假设 S 是 n 维实数集合 R^n 的非空子集，$S\subseteq R^n$，且 S 是一个非空格子，对 S 中元素 $y\in S$，其中 $y=(y_1, \cdots, y_n)$，$y_i\in S_i$，$i=1, 2, \cdots, n$。记 $y_{-i}=(y_1, \cdots, y_{i-1}, y_{i+1}, \cdots, y_n)$ 表示除博弈方 i 之外的其余博弈方的策略，$y_{-i}\in S_{-i}$。则 y 可重写为 $y=(y_i, y_{-i})$，$i=1, 2, \cdots, n$。

（i）若（a）对任意 $y_{-i}\in S_{-i}$，ϕ_i（y_i，y_{-i}）在 S_i 上是 y_i 的次模函数，（b）ϕ_i（y_i，y_{-i}）在 $S_i\times S_{-i}$ 上是 y 的减差函数，则 G 为次模博弈。

（ii）若（a）对任意 $y_{-i}\in S_{-i}$，ϕ_i（y_i，y_{-i}）在 S_i 上是 y_i 的超模函数，（b）ϕ_i（y_i，y_{-i}）在 $S_i\times S_{-i}$ 上是 y 的增差函数，则 G 为超模博弈。

例 7.3[①] 考虑可替代产品 n 人非合作博弈 $G=\{N, S, \{\pi_i, i\in N\}\}$，其中 $N=\{1, \cdots, n\}$，$S\subseteq R^n$。博弈方 i 决策其价格 p_i，$p_i\in S_i\subseteq[c_i, \infty)$，$S_i$ 为博弈方 i 的策略集合，$S=S_1\times\cdots\times S_n$ 为 n 人博弈的策略集合，π_i（p）为博弈方 i 的得益，$i=1, 2, \cdots, n$。记 $p\in S$ 为 n 人博弈的定价向量，$p=(p_1, \cdots, p_n)$，记 $p_{-i}=(p_1, \cdots, p_{i-1}, p_{i+1}, \cdots, p_n)$ 表示博弈方 i 的竞争对手的定价，则向量 p 可重写为 $p=(p_i, p_{-i})$，$i=1, 2, \cdots, n$。博弈方 i 的市场需求为 d_i（p），单位生产成本为 c_i，其利润为 $\pi_i(p_i, p_{-i})=(p_i-c_i)\ d_i(p)$，博弈方 i 选择 p_i 最大化其利润 $\pi_i(p_i, p_{-i})$。该 n 人非合作博弈为伯川德模型。

假设伯川德模型需求 d_i（p）满足：（i）对任意 $i, j=1, 2, \cdots, n$，$j\neq i$，d_i（p）是 p_j 的递增函数；（ii）对所有 $i, j=1, 2, \cdots, n$，$j\neq i$，d_i（p）是（p_i，p_j）的增差函数，则伯川德模型中博弈方 i 的利润 π_i（p_i，p_{-i}）为超模函数。事实上，$\partial^2\pi_i(p_i, p_{-i})/\partial p_i\partial p_j=\partial d_i(p)/\partial p_j+(p_i-c_i)\ \partial^2\pi_i(p_i, p_{-i})/\partial p_i\partial p_j\geqslant 0$ 对所有 $i, j=1, 2, \cdots, n$，$j\neq i$ 成立。根据定义 7.3 可知，伯川德模型 G 为超模博弈。

引理 7.4 证明当博弈方的得益函数是次模（超模）函数、有减差（增差）、策略集合为闭区间且目标函数连续时，次模博弈（超模博

---

① Topkis D M. Supermodularity and Complementarity [M]. Princeton: Princeton University Press, 1998.

弈）存在纯策略纳什均衡。

引理 7.4[①] 考虑定义 7.3 中的 n 人博弈 $G=\{N,(S_i,\ \phi_i(y_i,\ y_{-i})),\ i\in N\}$，假设 S_i 是闭区间，$\phi_i(y_i,\ y_{-i})$ 在 S_i 上是 y_i 的连续函数。

（i）若定义 7.3 中（i）的条件（a）对任意 $y_{-i}\in S_{-i}$，$\phi_i(y_i,\ y_{-i})$ 在 S_i 上是 y_i 的次模函数，（b）$\phi_i(y)$ 在 $S_i\times S_{-i}$ 上是 y 的减差函数，则博弈 G 存在纯策略纳什均衡，且对给定的序关系存在最大和最小纯策略纳什均衡。

（ii）若定义 7.3 中（ii）的条件（a）对任意 $y_{-i}\in S_{-i}$，$\phi_i(y_i,\ y_{-i})$ 在 S_i 上是 y_i 的超模函数，（b）$\phi_i(y)$ 在 $S_i\times S_{-i}$ 上是 y 的增差函数，则博弈 G 存在纯策略纳什均衡，且对给定的序关系存在最大和最小纯策略纳什均衡。

下面考虑含有参数向量 $\theta=(\theta_1,\ \cdots,\ \theta_m)\in\Theta$ 的 n 人博弈 $G=\{N,(S_i,\ \phi_i(y,\ \theta)),\ \theta\in\Theta,\ i\in N\}$，这里 $N=\{1,\ \cdots,\ n\}$，$y=(y_1,\ \cdots,\ y_n)\in S\subseteq R^n$，$S=S_1\times\cdots\times S_n$，$S_i\subseteq R$。考虑含有参数向量 θ 的最大化决策问题：

$$\max_{y_i\in S_i}\phi_i(y,\theta) \tag{7-4}$$

其中 $y_i\in S_i$ 是博弈方 i 的决策变量，其目标函数 $\phi_i(y,\ \theta)$ 为参数向量 θ 的函数，$\theta\in\Theta$。记 $y_i^*(\theta)$ 是（7－4）式中博弈方 i 的最优解，$Y_i^*(\theta)$ 是其最优解集合，$i=1,\ 2,\ \cdots,\ n$。

性质 7.2 给出含参数向量 θ 的 n 人博弈 $G=\{N,(S_i,\ \phi_i(y,\ \theta)),\ \theta\in\Theta,\ i\in N\}$ 最优解存在的条件，并给出博弈方 i 的最优解关于参数向量 θ 的单调性。性质 7.2（i）结合了 Topkis 给出的次模博弈定义及其定理 1.2[②]，性质 7.2（i）的证明与 Topkis 的定理 1.2 类似，在性质 7.2（ii）

① Milgrom P, Roberts J. Rationalizability, Learning, and Equilibrium in Games with Strategic Complementarities [J]. Econometrica: Journal of the Econometric Society, 1990, 58 (6): 1255－1277.

② Topkis D M. Equilibrium Points in Nonzero-sum N-Person Submodular Games [J]. SIAM Journal on Control and Optimization, 1979, 17 (6): 773－787.

中令 $\psi_i(y, \theta) = -\phi_i(y, \theta)$ 即可证明。性质 7.2 的证明过程略。

性质 7.2　考虑 n 人博弈 $G = \{N, (S_i, \phi_i(y, \theta)), \theta \in \Theta, i \in N\}$，博弈方 i 的目标函数 $\phi_i(y, \theta)$ 由（7－4）式给出，$Y_i^*(\theta)$ 是博弈方 i 最优解的集合，$i=1, 2, \cdots, n$。假设 $\phi_i(y, \theta)$ 在 $S \times \Theta$ 上是 (y, θ) 的二阶可微函数［意味着 $\phi_i(y, \theta)$ 在 S 上是 y 的连续函数］，$i=1, 2, \cdots, n$。

（i）如果对任意 $\theta \in \Theta$，$\phi_i(y, \theta)$ 在 S 上是 y 的次模函数，即对任意 $i, j =1, 2, \cdots, n, j \neq i$，都有 $\partial^2\phi_i(y, \theta)/\partial y_i \partial y_j \leqslant 0$；且 $\phi_i(y, \theta)$ 在 $S \times \Theta$ 上是 (y, θ) 的减差函数，即对任意 $i=1, 2, \cdots, n, k=1, 2, \cdots, m$，都有 $\partial^2\phi_i(y, \theta)/\partial y_i \partial \theta_k \leqslant 0$，则博弈方 i 最优解的集合 $Y_i^*(\theta)$ 是 θ 的单调减函数。若进一步假设 S_i 是 R 上的闭区间，即 $S_i = [\underline{\ell}_i, \overline{\ell}_i]$，$\underline{\ell}_i < \overline{\ell}_i$，则博弈方 i 最优解的集合 $Y_i^*(\theta)$ 非空，且存在最大元素 $\overline{y}_i^*(\theta)$ 和最小元素 $\underline{y}_i^*(\theta)$，它们均是 θ 的单调减函数。

（ii）如果对任意 $\theta \in \Theta$，$\phi_i(y, \theta)$ 在 S 上是 y 的超模函数，即对任意 $i, j =1, 2, \cdots, n, j \neq i$，都有 $\partial^2\phi_i(y, \theta)/\partial y_i \partial y_j \geqslant 0$；且 $\phi_i(y, \theta)$ 在 $S \times \Theta$ 上是 (y, θ) 的增差函数，即对任意 $i=1, 2, \cdots, n, k=1, 2, \cdots, m$，都有 $\partial^2\phi_i(y, \theta)/\partial y_i \partial \theta_k \geqslant 0$，则博弈方 i 最优解的集合 $Y_i^*(\theta)$ 是 θ 的单调增函数。若进一步假设 S_i 是 R 上的闭区间，即 $S_i = [\underline{\ell}_i, \overline{\ell}_i]$，$\underline{\ell}_i < \overline{\ell}_i$，则博弈方 i 最优解的集合 $Y_i^*(\theta)$ 非空，且存在最大元素 $\overline{y}_i^*(\theta)$ 和最小元素 $\underline{y}_i^*(\theta)$，它们均是 θ 的单调增函数。

注 7.5　性质 7.2 给出含有参数向量 $\theta = (\theta_1, \cdots, \theta_m) \in \Theta$ 的 n 人博弈最大化问题最优解及其性质，这与 Topkis 的定理 1.2 不同，Topkis 解决的是最小化问题。对比性质 7.2 与 Topkis 的定理 1.2 我们发现，当目标函数均具有相同的次模性与减差性时，在性质 7.2 中对应的最优解的集合 $Y_i^*(\theta)$ 是 θ 的单调减函数；而在 Topkis 的定理 1.2 中对应的最优解的集合 $Y_i^*(\theta)$ 是 θ 的单调增函数。性质 7.2 与 Topkis 的定理 1.2 的共同点是只要求交叉偏导数非负或非正，对二阶偏导数没有任何要求，也不要求目标函数关于决策变量的凹性。

7.4 超模博弈研究及其应用

超模博弈是博弈论中的一个重要的概念，在超模博弈中，每个博弈方增加其变量所引起的边际效用会随着对方变量的递增而增加，使得各博弈方的策略体现出一定的互补性①。超模博弈理论建立在格子理论的基础之上，为分析具有互补策略的博弈提供了一个一般方法。超模博弈理论有两个主要特征：一是它不需要传统最优化理论中的凸性（凹性）及可微性假设，只需要策略空间满足一定的序结构及目标函数具有弱连续性和单调性；二是超模博弈具有纯策略纳什均衡，并且纳什均衡集也具有一定的序结构②。

超模博弈理论的基础性工作最早由 Topkis③ 完成，他给出超模函数（次模函数）、函数增差（函数减差）及其等价关系，并解决了带有参数的最小化决策问题。Topkis 对超模博弈理论进行了系统分析，并给出了带有参数的最小化决策问题存在的条件；应用方面，Topkis 指出具有可替代产品的 n 人古诺模型是超模博弈。Topkis 指出，次模博弈是一种有限非合作博弈，其可行的决策集是一个格子，每个参与者的成本函数具有次模性和减差性。

进一步的研究方面，Vives④ 给出了超模博弈中纳什均衡的存在性及序结构。Athey⑤ 运用超模博弈理论研究了不完全信息博弈及多期动

---

① Bulow J I, Geanakoplos J D, Klemperer P D. Multimarket Oligopoly: Strategic Substitutes and Complements [J]. Journal of Political Economy, 1985, 93 (3): 488 - 511.

② 杨晓花，罗云峰，吴辉球. Bertrand 模型与超模博弈 [J]. 中国管理科学，2009，7 (1): 95 - 100.

③ Topkis D M. Minimizing a Submodular Function on a Lattice [J]. Operations Research, 1978, 26 (2): 305 - 321.

④ Vives X. Nash Equilibrium with Strategic Complementarities [J]. Journal of Mathematical Economics, 1990, 19 (3): 305 - 321.

⑤ Athey S. Single Crossing Properties and the Existence of Pure Strategy Equilibria in Games of Incomplete Information [J]. Econometrica, 2001, 69 (4): 861 - 889.

态投资博弈中纯策略均衡的特性。Echenique[①] 研究了具有互补策略博弈的混合策略均衡及扩展式博弈中的均衡。Echenique[②] 还研究了在允许按照某种规则对博弈的均衡进行排序的情况下，博弈具备策略互补特征的条件。

一些学者运用超模博弈理论研究了伯川德模型和古诺模型。Amir[③] 分析了古诺模型中均衡存在性的更一般的条件；讨论了古诺模型中当行动顺序为内生时均衡的特性[④]；研究了古诺模型中极值均衡的比较静态特性[⑤]；比较了古诺模型中的序数及基数互补性[⑥]；研究了动态的伯川德模型中的先动及后动优势[⑦]。杨晓花等[⑧]对当企业的策略为同时选择价格和广告水平、企业的边际生产成本为常数时，证明了在一般的假设下，此类博弈为超模博弈，解释了通常情况下较高的广告水平对应着企业较高的价格的原因。Topkis[⑨] 的专著是迄今为止关于超模博弈的理论和应用的较完整的。

另外，He 等[⑩]运用次模博弈理论研究了与联合补货模型相关的合作博弈问题，解决了联合补货模型的成本分配问题。

---

① Echenique F. Mixed Equilibria in Games of Strategic Complements [J]. Economic Theory, 2003, 22 (1): 33 – 44.

② Echenique F. A Characterization of Strategic Complementarities [J]. Games and Economic Behavior, 2004, 46 (3): 325 – 347.

③ Amir R. Cournot Oligopoly and the Theory of Supermodular Games [J]. Games and Economic Behavior, 1996, 15 (2): 132 – 148.

④ Amir R, Grilo I. Stackelberg Versus Cournot Equilibrium [J]. Games and Economic Behavior, 1999, 26 (1): 1 – 21.

⑤ Amir R, Lambson V E. On the Effects of Entry in Cournot Markets [J]. The Review of Economic Studies, 2000, 67 (2): 235 – 254.

⑥ Amir R. Ordinal Versus Cardinal Complementarity: The Case of Cournot Oligopoly [J]. Games and Economic Behavior, 2005, 53 (1): 1 – 14.

⑦ Amir R, Stepanova A. Second-mover Advantage and Price Leadership in Bertrand Duopoly [J]. Games and Economic Behavior, 2006, 55 (1): 1 – 20.

⑧ 杨晓花，罗云峰，吴辉球 . Bertrand 模型与超模博弈 [J]. 中国管理科学，2009，17 (1): 95 – 100.

⑨ Topkis D M. Supermodularity and Complementarity [M]. Princeton: Princeton University Press, 1998.

⑩ He S, Zhang J, Zhang S. Polymatroid Optimization, Submodularity, and Joint Replenishment Games [J]. Operations Research, 2012, 60 (1): 128 – 137.

习题

1. 介绍超模函数（次模函数）的概念及性质并举例说明。

2. 介绍超模博弈（次模博弈）的概念及性质并举例说明。

3. 介绍次模博弈的主要结果并举例说明。

4. 2020年的诺贝尔经济学奖颁给了保罗·米尔格罗姆（Paul R. Milgrom）和罗伯特·威尔逊（Robert B. Wilson），介绍他们关于超模博弈的主要研究工作，并说明他们的研究主要应用到了哪些方面。

5. 证明当例7.3的需求函数满足一定条件时，n人伯川德模型为超模博弈。

第8章　随机需求下供应链协调与博弈分析

本章介绍随机需求下供应链协调与博弈分析。首先介绍供应链博弈中常用的函数与概率分布的定义及性质；其次，分回购契约和收益共享契约两种情况介绍随机需求下供应链协调分析；再次，介绍随机需求下批发价契约供应链动态博弈模型；最后，介绍随机需求下带有需求信息收集的供应链动态博弈模型。

8.1　供应链博弈中常用的函数与概率分布的定义及性质

随机需求下供应链博弈中常用的函数与概率分布包括单峰函数（Unimodal Function）[①②]、递增失效率（IFR）分布[③]、广义递增失效率（IGFR）分布[④]、对数凹密度函数[⑤]等。下面将分别介绍这些函数与概

---

① Beamer J H, Wilde D J. Time Delay in Minimax Optimization of Unimodal Functions of One Variable [J]. Management Science, 1969, 15 (9): 528-538.

② Beamer J H, Wilde D J. Minimax Optimization of Unimodal Functions by Variable Block Search [J]. Management Science, 1970, 16 (9): 529-541.

③ Müller A, Stoyan D. Comparison Methods for Stochastic Models and Risks [M]. New York: John Wiley and Sons, 2002.

④ Banciu M, Mirchandani P. Technical Note—New Results Concerning Probability Distributions with Increasing Generalized Failure Rates [J]. Operations Research, 2013, 61 (4): 925-931.

⑤ Bagnoli M, Bergstrom T. Log-concave Probability and its Applications [J]. Economic Theory, 2005, 26 (2): 445-469.

率分布的定义及性质，这是本书第 8～9 和第 11 章中涉及判断均衡策略单调性的研究的基础。

记 X 为定义在区间 $[\underline{\ell}, \overline{\ell}]$ 上的连续型随机变量，其累积分布函数 $F_X(\cdot)$ 是 $X \leqslant x$ 时的概率，即 $F_X(x) = P(X \leqslant x)$，$F_X(\cdot)$ 严格单调递增，X 的密度函数 $f_X(\cdot)$ 是累积分布函数的导数，即 $F'_X(x) = f_X(x)$，记 $\overline{F}_X(x) = 1 - F_X(x)$，$x \in [\underline{\ell}, \overline{\ell}]$。

定义 8.1 给出单调函数的定义及相关性质。

定义 8.1　单调函数[①]

函数的单调性（Monotonicity）也可以叫作函数的增减性。设 $y(\cdot)$ 为定义在区间 I 上的函数，当函数 $y(x)$ 的自变量 x 在其定义区间 I 内增大（或减小）时，函数值 $y(x)$ 也随之增大（或减小），则称该函数在区间 I 上具有单调性。在单调区间上增函数的函数图像是上升的，减函数的函数图像是下降的。

对于任意的 $x_1, x_2 \in I$，当 $x_1 < x_2$ 时，（i）如果 $y(x_1) \leqslant y(x_2)$，那么称 $y(x)$ 在 I 上单调递增；（ii）如果 $y(x_1) < y(x_2)$，那么称 $y(x)$ 在 I 上严格单调递增。

对于任意的 $x_1, x_2 \in I$，当 $x_1 < x_2$ 时，（i）如果 $y(x_1) \geqslant y(x_2)$，那么称 $y(x)$ 在 I 上单调递减；（ii）如果 $y(x_1) > y(x_2)$，那么称 $y(x)$ 在 I 上严格单调递减。

注 8.1　单调函数是指对于整个定义域而言函数具有单调性，而不是针对定义域的某个子区间。单调函数只是单调性函数中特殊的一种。在区间内具有单调性的函数并不一定是单调函数，而单调函数在其定义域的子区间上一定具有单调性，具有单调性的函数可以根据子区间的不同而单调性不同。

凸函数是一个定义在某个向量空间的凸子集 C（区间）上的实值函数。定义 8.2 给出凸函数（Convex Function）的定义及相关性质。

---

① 禹海波．供应链系统的随机比较［M］．北京：科学出版社，2013.

定义 8.2　凸函数[①]

设 $y(\cdot)$ 为定义在区间 I 上的函数，若对 I 上的任意两点 x_1，$x_2 \in I$ 和任意的实数 $\lambda \in (0, 1)$，总有：

$$y(\lambda x_1 + (1-\lambda)x_2) \leqslant \lambda y(x_1) + (1-\lambda)y(x_2) \tag{8-1}$$

则 $y(\cdot)$ 称为 I 上的凸函数。凸函数图像示例见图 8.1。

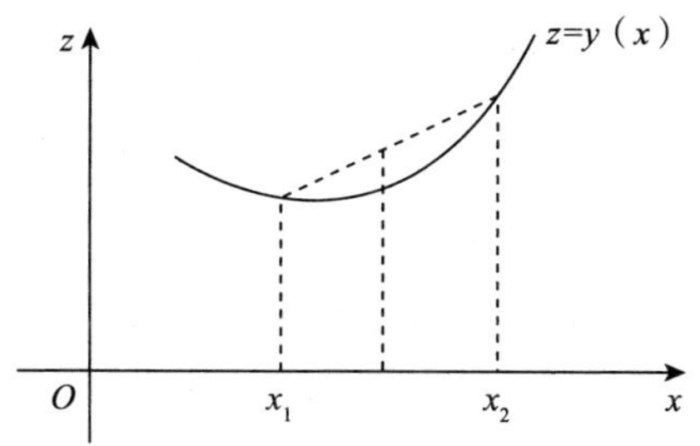

图 8.1　凸函数图像示例

注 8.2　若函数 $y(\cdot)$ 在区间 I 上是二阶可微的，当且仅当它的二阶导数 $y''(\cdot) \geqslant 0$ 时，则函数 $y(\cdot)$ 在区间 I 上是凸函数。如果它的二阶导数 $y''(\cdot) > 0$，那么函数 $y(\cdot)$ 就是严格凸函数，但反过来不成立。

凹函数是一个定义在某个向量空间的凸集 C（区间）上的实值函数。定义 8.3 给出凹函数（Concave Function）的定义及相关性质。

定义 8.3　凹函数[②]

设 $y(\cdot)$ 为定义在区间 I 上的函数，若对 I 上的任意两点 x_1，$x_2 \in I$ 和任意的实数 $\lambda \in (0, 1)$，总有：

$$y(\lambda x_1 + (1-\lambda)x_2) \geqslant \lambda y(x_1) + (1-\lambda)y(x_2) \tag{8-2}$$

则 $y(\cdot)$ 称为 I 上的凹函数。凹函数图像示例见图 8.2。

注 8.3　若函数 $y(\cdot)$ 在区间 I 上是二阶可微的，当且仅当它的二阶导数 $y''(\cdot) \leqslant 0$ 时，函数 $y(\cdot)$ 在区间 I 上是凹函数。如果它的二阶

① 禹海波．供应链系统的随机比较［M］．北京：科学出版社，2013.
② 禹海波．供应链系统的随机比较［M］．北京：科学出版社，2013.

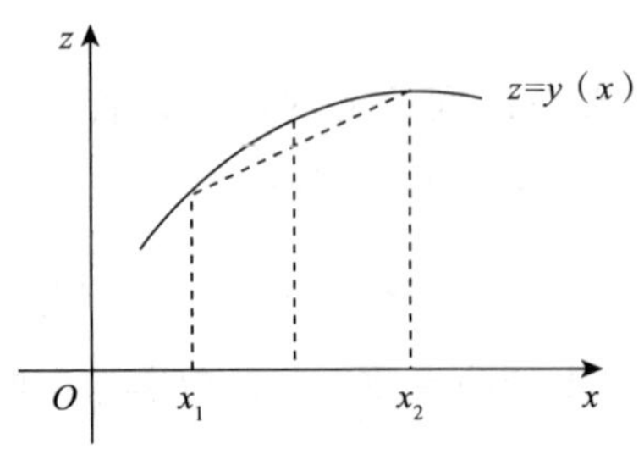

图 8.2　凹函数图像示例

导数 $y''(\cdot)<0$，那么函数 $y(\cdot)$ 就是严格凹的，但反过来不成立。

函数的凹凸性是描述函数图像弯曲方向的一个重要性质。凹凸是指函数图像形状，而不是指函数的性质。定义 8.4 给出函数的凹凸性（Properties of Concavity-Convexity Function）的定义及相关性质。

定义 8.4　凹凸性①

设 $y(x)$ 在 (a, b) 内连续，若对 (a, b) 内任意两点 x_1，x_2，$\lambda\in(0, 1)$，有：

$$y(\lambda x_1+(1-\lambda)x_2)\geqslant\lambda y(x_1)+(1-\lambda)y(x_2) \tag{8-3}$$

则称 $y(x)$ 在 (a, b) 内的图形是凸的。

设 $y(x)$ 在 (a, b) 内连续，若对 (a, b) 内任意两点 x_1，x_2，$\lambda\in(0, 1)$，有：

$$y(\lambda x_1+(1-\lambda)x_2)\leqslant\lambda y(x_1)+(1-\lambda)y(x_2), \tag{8-4}$$

则称 $y(x)$ 在 (a, b) 内的图形是凹的。

单峰函数是在所考虑的区间中只有一个严格局部极大值（峰值）的实值函数，下面定义 8.5 给出单峰函数（Unimodal Function）的定义及相关性质。

定义 8.5　单峰函数②

假设 $y(x)$ 为定义在区间 $[\underline{\ell}, \overline{\ell}]$ 上的连续函数，若：

---

① 禹海波．供应链系统的随机比较［M］．北京：科学出版社，2013.

② Beamer J H，Wilde D J. Time Delay in Minimax Optimization of Unimodal Functions of One Variable［J］. Management Science，1969，15（9）：528－538.

（i）$x^* = \arg\max y(x)$ 为 $y(x)$ 在区间 $[\underline{\ell}, \overline{\ell}]$ 上的最大值点；

（ii）$y'(x) > 0$ 对于所有的 $x < x^*$ 都成立；

（iii）$y'(x) < 0$ 对于所有的 $x > x^*$ 都成立；

则 $y(x)$ 在区间 $[\underline{\ell}, \overline{\ell}]$ 上是 x 的单峰函数。

失效率是寿命现象的一个重要特征，很多产品的失效率函数呈现“浴盆状”。在极值理论中，失效率被称为“强度函数”。失效率是指工作到某一时刻尚未失效的产品在该时刻后单位时间内发生失效的概率。

定义 8.6 给出递增失效率（Increasing Failure Rate，IFR）分布的定义。

定义 8.6　递增失效率分布①②

记 $h_X(x) = f_X(x)/(1 - F_X(x))$ 表示连续型随机变量 X 或分布函数 $F_X(\cdot)$ 的失效率函数，如果 $h_X(x)$ 在区间 $[\underline{\ell}, \overline{\ell}]$ 上是 x 的单调增函数，则称随机变量 X 或分布 $F_X(\cdot)$ 具有 IFR 性质。

定义 8.7 给出广义递增失效率（Increasing Generalized Failure Rate，IGFR）分布的定义。

定义 8.7　广义递增失效率分布③

记 $g_X(x) = xf_X(x)/(1 - F_X(x))$ 表示连续型随机变量 X 或分布函数 $F_X(\cdot)$ 的广义失效率函数，如果 $g_X(x)$ 在区间 $[\underline{\ell}, \overline{\ell}]$ 上是 x 的单调增函数，则称随机变量 X 或分布 $F_X(\cdot)$ 具有 IGFR 性质。

定义 8.8 给出对数凹（Log-Concave）函数的定义及相关性质。

定义 8.8　对数凹函数④

称一个非负函数为对数凹，是指该函数取对数后是凹函数。类似地，可以定义对数凸（Log-Convex）的性质。对数凹的严格定义如下。

---

① Müller A, Stoyan D. Comparison Methods for Stochastic Models and Risks [M]. New York: John Wiley and Sons, 2002.

② 禹海波．供应链系统的随机比较 [M]. 北京：科学出版社，2013.

③ Lariviere M A, Porteus E L. Selling to the Newsvendor: An Analysis of Price-only Contracts [J]. Manufacturing & Service Operations Management, 2001, 3 (4): 293 - 305.

④ 李莹．对数凹函数的一些应用 [D]. 中国科学技术大学，2007.

设 $D \in R^n$ 为一个凸区域，函数 y：$D \to R^+ \in [0, \infty)$。如果对所有的 x_1，$x_2 \in D$ 和任意的 $\alpha \in (0, 1)$，有：

$$y(\alpha x_1 + (1-\alpha)x_2) \geqslant (y(x_1))^{\alpha}(y(x_2))^{1-\alpha} \tag{8-5}$$

则称函数 y 在 D 上是对数凹的。如果对于所有的 $x \in D$，有 $y(x) > 0$ 成立，那么函数 y 有对数凹性质等价于对所有的 $x \in D$ 和任意的 $\alpha \in (0, 1)$，(8－6) 式成立：

$$\log y(\alpha x_1 + (1-\alpha)x_2) \geqslant \alpha \log y(x_1) + (1-\alpha)\log y(x_2) \tag{8-6}$$

下面给出寿命分布类 ILR（似然比递增）、IFR（失效率递增）、DRHR（反向失效率递减）及其对偶类 DLR（似然比递减）、DFR（失效率递减）、IRHR（反向失效率递增）的定义。

定义 8.9[①]

设 X 是一个随机变量，其分布函数为 $F_X(\cdot)$，称 X 或 $F_X(\cdot)$ 为：

(i) ILR（DLR），若它的密度函数 $f_X(x)$ 存在且关于 $x \in R^+$ 为对数凹（对数凸）函数；

(ii) IFR（DFR），若 $\overline{F}_X(x)$ 关于 $x \in R^+$ 为对数凹（对数凸）函数；

(iii) DRHR（IRHR），若 $F_X(x)$ 关于 $x \in R^+$ 为对数凹（对数凸）函数。

引理 8.1 揭示了 ILR、IFR、DRHR 及其对偶类 DLR、DFR、IRHR 之间的关系。

引理 8.1[②]　ILR、IFR、DRHR 及其对偶类 DLR、DFR、IRHR 的关系如下：

$$\text{ILR} \Rightarrow \text{IFR 和 DRHR} \tag{8-7}$$

$$\text{DLR} \Rightarrow \text{DFR} \Rightarrow \text{DRHR} \tag{8-8}$$

性质 8.1 给出广义递增失效率（IGFR）随机变量 X 的截断分布的

① 李莹．对数凹函数的一些应用［D］．中国科学技术大学，2007.

② 李莹．对数凹函数的一些应用［D］．中国科学技术大学，2007.

相关性质。

性质 8.1　假设 X 为定义在区间 $[\underline{\ell}, \overline{\ell}]$ 上的连续型随机变量，且 X 服从 IGFR 分布，则对于任意的 a，b，满足 $\underline{\ell} \leqslant a \leqslant b \leqslant \overline{\ell}$，则 X 在区间 $[a, b]$ 上的截断分布也服从 IGFR 分布①。

性质 8.2 给出递增失效率（IFR）分布、广义递增失效率（IGFR）分布与对数凹之间的关系及相关性质。

性质 8.2　假设 X 为定义在区间 $[\underline{\ell}, \overline{\ell}]$ 上的连续型随机变量，则：

（i）如果 $\underline{\ell} \geqslant 0$，则所有的 IFR 分布满足 IGFR 分布②；

（ii）如果 X 的密度函数是对数凹的，则 X 服从 IFR 分布，因此对数凹随机变量也具有 IGFR 分布③。

8.2　随机需求下供应链协调分析

除函数与概率分布的定义及性质外，供应链协调与纳什均衡分析也是供应链博弈中经常使用的方法和理论，本节介绍供应链协调与纳什均衡分析的关系。

曾经担任美国宾夕法尼亚大学沃顿商学院运营与信息管理讲席教授的杰拉德·卡桑（Gerard Cachon）在 2003 年出版的 *Handbooks in Operations Research and Management Science* 一书中的第 230 页写道："如果一个契约能使供应链的最优策略集合成为纳什均衡，即没有企业愿意单方面偏离供应链的最优策略集合，则称该契约能使供应链协调。"

下面通过构建一个随机需求下的两级供应链模型，验证在回购契

① Banciu M, Mirchandani P. Technical Note—New Results Concerning Probability Distributions with Increasing Generalized Failure Rates [J]. Operations Research, 2013, 61 (4): 925 - 931.

② Lariviere M A. A Note on Probability Distributions with Increasing Generalized Failure Rates [J]. Operations Research, 2006, 54 (3): 602 - 604.

③ Bagnoli M, Bergstrom T. Log-concave Probability and its Applications [J]. Economic Theory, 2005, 26 (2): 445 - 469.

约和收益共享契约下，供应链会实现协调，同时，这两类契约也使供应链最优策略成为纳什均衡。

命题 8.1 考虑一个单周期单类产品且分别由一个制造商和一个零售商组成的供应链系统，制造商制定契约$\{T(q)\}$，市场需求 X 是定义在区间 $[\underline{\ell}, \overline{\ell}]$ 上的连续型随机变量，$0 \leqslant \underline{\ell} < \overline{\ell}$，$X$ 的概率密度函数和累积分布函数分别为 $f_X(\cdot)$ 和 $F_X(\cdot)$。对于零售商来说，当需求小于 q 时，多余库存有单位数值 v 的销售剩余；当需求大于 q 时，多余的需求损失掉且不考虑缺货惩罚成本。假定产品在订单下达后可以立即得到，不计固定订货成本，制造商单位产品的生产成本为 c，单位产品零售价格为 p，$p > c > v$。则制造商的利润函数为：

$$\pi_m(q, T(q)) = T(q) - cq \tag{8-9}$$

零售商的目标是决定订货量 q 使其期望利润达到最大，即：

$$\max_{q \geqslant 0} \pi_r(q, T(q)) = E[p \cdot min(q, X) + v(q, X)^+ - T(q)] \tag{8-10}$$

记 $\pi_c(q)$ 为供应链的期望利润，即 $\pi_c(q) = \pi_m(q, T(q)) + \pi_r(q, T(q))$，供应链的目标是决定订货量 q 使其期望利润达到最大，即：

$$\max_{q \geqslant 0} \pi_c(q) = E[p \cdot min(q, X) + v(q, X)^+ - cq] \tag{8-11}$$

性质 8.3 给出供应链和零售商的最优订货策略的解析表达式，其证明参见 Cachon[①]，证明过程略。

性质 8.3 供应链和零售商的期望利润 $\pi_c(q)$ 和 $\pi_r(q, T(q))$ 分别由（8-11）和（8-10）式给出，且 $\pi_r(q, T(q))$ 是 q 的严格凹函数或单峰函数。记 q^c 和 q_r^* 分别为供应链和零售商的最优订货策略，则：

(i) 供应链的最优订货策略 q^c 满足：

① Cachon G P. Supply Chain Coordination with Contracts, In: de Kok A G, Graves S C, Eds., Handbooks in Operations Research and Management Science, Elsevier Science Ltd, Volume 11, 2003: 222-238.

$$p - c - (p - v)F_X(q^c) = 0 \tag{8-12}$$

（ii）零售商的最优订货策略 q_r^* 是以下方程的唯一解：

$$p - \frac{\partial E[T(q)]}{\partial q}\bigg|_{q=q_r^*} - (p - v)F_X(q_r^*) = 0 \tag{8-13}$$

根据第 3 章定义 3.1 纳什均衡，供应链的最优策略是纳什均衡的定义如下。

如果供应链的最优策略 q^c 满足：

$$\pi_r(q^c,\ T(q^c)) \geqslant \pi_r(q,\ T(q))\text{对所有 } q \geqslant 0 \text{ 成立} \tag{8-14}$$

且

$$\pi_m(q^c,\ T(q^c)) \geqslant \pi_m(q,\ T(q))\text{对所有 } q \geqslant 0 \text{ 成立} \tag{8-15}$$

则称在契约 $\{T(q)\}$ 下，供应链的最优策略 q^c 是纳什均衡。

供应链协调定义为：如果契约 $\{T(q)\}$ 能使零售商的最优订货量 q_r^* 等于供应链的最优订货量 q^c，即 $q_r^* = q^c$，则称契约 $\{T(q)\}$ 能使供应链协调①。

命题 8.1 表明，如果存在一个契约 $T(q^c)$ 使（8-14）式和（8-15）式同时成立，则（8-13）式中 q_r^* 满足：$q_r^* = q^c$，即契约 $T(q^c)$ 能使供应链协调。

例 8.1 和例 8.2 分别通过回购契约和收益共享契约的例子，验证命题 8.1 的结论，其证明参见 Cachon②，证明过程略。

例 8.1　回购契约下的供应链协调与纳什均衡

考虑性质 8.3 中的随机需求下的供应链系统，制造商制定回购契约 $\{w,\ b\}$，这里 w 为零售商订购产品的批发价，当零售商订购的 q 件产品大于需求的实现时，制造商以 b 的单价回购多余的产品，$v < b < w$。在回

① Cachon G P. Supply Chain Coordination with Contracts, In: de Kok A G, Graves S C, Eds., Handbooks in Operations Research and Management Science, Elsevier Science Ltd, Volume 11, 2003: 222-238.

② Cachon G P. Supply Chain Coordination with Contracts, In: de Kok A G, Graves S C, Eds., Handbooks in Operations Research and Management Science, Elsevier Science Ltd, Volume 11, 2003: 222-238.

购契约$\{w, b\}$下，$T(q) = wq-(b-v)(q-X)^+$，因此，(8－13) 式中零售商的最优订货策略q_r^*可重写为：

$$p-w-(p-b)F_X(q_r^*)=0 \tag{8-16}$$

为使 (8－12) 式与 (8－16) 式有相同的解，即$q_r^*=q^c$，我们假设存在一个常数λ，$0<\lambda<1$，使 (8－12) 式与 (8－16) 式左边对应系数成比例，即 (8－17) 式与 (8－18) 式同时成立：

$$p-w=\lambda(p-c) \tag{8-17}$$

$$p-b=\lambda(p-v) \tag{8-18}$$

因此，对于任何的$0<\lambda<1$，(8－17) 和 (8－18) 式保证$q_r^*=q^c$，回购契约$\{w, b\}$能使供应链协调。

在回购契约$\{w, b\}$满足 (8－17) 和 (8－18) 式时，(8－14) 式和 (8－15) 式中右边的$\pi_r(q, T(q))$和$\pi_m(q, T(q))$变为：

$$\pi_r(q, T(q))=\lambda\pi_c(q) \tag{8-19}$$

$$\pi_m(q, T(q))=(1-\lambda)\pi_c(q) \tag{8-20}$$

即供应链的最优订货策略q^c同时满足 (8－14) 式和 (8－15) 式，q^c是纳什均衡。综合以上两个方面的讨论，可知命题 8.1 成立。

注 8.4 例 8.1 中，当$b=v$时，$T(q)=wq$，此时回购契约退化为批发价契约，制造商的边际利润为零，因此供应链不能协调。

例 8.2 收益共享契约下的供应链协调与纳什均衡①

考虑性质 8.3 中的随机需求下的供应链系统，制造商制定收益共享契约$\{w, \phi\}$，这里w为零售商订购产品的批发价，制造商与零售商共同分享获得的收益，其中，零售商获得收益的比例为ϕ。在收益共享契约$\{w, \phi\}$下，$T(q)=(1-\phi)(p-v)\min(q, X)+(w+(1-\phi)v)q$，因此，(8－13) 式中零售商的最优订货策略$q_r^*$可重写为：

① Cachon G P. Supply Chain Coordination with Contracts, In: de Kok A G, Graves S C, Eds., Handbooks in Operations Research and Management Science, Elsevier Science Ltd, Volume 11, 2003: 222－238.

$$\phi p - w - \phi(p - v)F_X(q_r^*) = 0 \qquad (8-21)$$

为使（8－12）式与（8－21）式有相同的解，即 $q_r^* = q^c$，我们假设存在一个常数 λ，$0 < \lambda < 1$，使（8－12）与（8－21）式左边对应系数成比例，即（8－22）与（8－23）式同时成立：

$$\phi p - w = \lambda(p - c) \qquad (8-22)$$

$$\phi(p - v) = \lambda(p - v) \qquad (8-23)$$

因此，对于任何的 $0 < \lambda < 1$，（8－22）式和（8－23）式保证 $q_r^* = q^c$，收益共享契约 $\{w, \phi\}$ 能使供应链协调。

在收益共享契约 $\{w, \phi\}$ 满足（8－22）式和（8－23）式时，（8－14）式和（8－15）式中右边部分 $\pi_r(q, T(q))$ 和 $\pi_m(q, T(q))$ 变为：

$$\pi_r(q, T(q)) = \lambda \pi_c(q) \qquad (8-24)$$

$$\pi_m(q, T(q)) = (1 - \lambda)\pi_c(q) \qquad (8-25)$$

即供应链的最优订货策略 q^c 同时满足（8－14）式和（8－15）式，q^c 是纳什均衡。综合以上两个方面的讨论，可知命题 8.1 成立。

8.3　随机需求下批发价契约供应链动态博弈模型

本节分析风险中性零售商和风险中性制造商组成的二级供应链动态博弈问题，主要运用子博弈精炼纳什均衡理论、逆推归纳法、次模（超模）函数及其性质、最优化方法等，通过构建供应链动态博弈模型，给出均衡解及利润的解析解。

考虑单周期单类产品且分别由单个风险中性制造商和单个风险中性零售商构成的二级供应链系统。假设市场需求 X 是一个非负连续型随机变量，其定义区间为 $[\underline{\ell}, \overline{\ell}]$，$\underline{\ell} \geq 0$，$X$ 的概率密度函数和累积分布函数分别为 $f_X(\cdot)$ 和 $F_X(\cdot)$。假设制造商是领导者，决定给零售商产品的批发价 w，$w > c$，零售商是跟随者，决定向制造商购买产品的订货量 q，其利润函数由（8－27）式给出。当零售商的订货量 q 大于市场需求时，多余的产品以单价 v 进行处理；当零售商的订货量 q 小于市场需求时，多余的需求损失掉且不考虑缺货惩罚成本。假定产品在订单下达后可以立即得到，不计固定订货成本，供应商单位产品的生产成本为 c，单位产品零售价格为 p，$p>w>c>v$。

第一阶段，风险中性制造商决定批发价 w，使其利润达到最大，即：

$$\max_{w>c}\pi_m(q,w)=(w-c)q \tag{8-26}$$

第二阶段，风险中性零售商决定订货量 q，使其期望利润达到最大，即：

$$\max_{q\geqslant 0}\pi_r(q,w)=E[(\Pi_r(q,w,X))] \tag{8-27}$$

其中：

$$\Pi_r(q,w,X)=p\min(q,X)+v(q-X)^+-wq \tag{8-28}$$

（8－27）式中零售商的利润函数可重写为：

$$\pi_r(q,w)=(p-w)q-(p-v)\int_{\underline{\ell}}^{q}F_X(x)\mathrm{d}x \tag{8-29}$$

先解第二阶段问题，性质 8.4 给出零售商的最优订货量及其关于批发价 w 的单调性。

性质 8.4 考虑制造商领导的斯塔克尔伯格模型，当 X 的累积分布函数严格单调递增时：

（i）对任意的 $w>c$，π_r（q，w）是 q 的严格凹函数，且有：

$$\frac{\partial\pi_r(q,w)}{\partial q}=p-w-(p-v)F_X(q) \tag{8-30}$$

（ii）π_r（q，w）是（q，w）的严格次模函数，零售商的最优订货量 q_r^* 满足：

$$p-w-(p-v)F_X(q_r^*)=0 \tag{8-31}$$

且 q_r^* 是 w 的严格单调减函数。

（iii）记 $w(q)$ 为由（8－31）式导出的批发价，它满足：

$$p-w(q)-(p-v)F_X(q)=0 \tag{8-32}$$

证明：（i）（8－29）式两边分别对 q 求一阶导数得（8－30）式，进一步得：

$$\frac{\partial^2\pi_r(q,w)}{\partial q^2}=-(p-v)f_X(q)<0 \tag{8-33}$$

即 $\pi_r(q,w)$ 是 q 的严格凹函数。

（ii）（8－30）式两边分别对 w 求偏导数得：

$$\frac{\partial^2\pi_r(q,w)}{\partial q\partial w}=-1<0 \tag{8-34}$$

根据引理7.2（ii）可知，$\pi_r(q,w)$ 是（q，w）的严格次模函数。再根据引理7.2（i），得到 q_r^* 关于 w 的单调性。

（iii）由（8－31）式直接得到。

注8.5 当需求 X 服从［0，1］区间上的均匀分布时，性质8.4（ii）中 $q_r^*=(p-w)/(p-v)$；性质8.4（iii）中 $q_r^*=(p-w(q))/(p-v)$。

再解第一阶段的问题，将（8－32）式中的 $w(q)$ 代入（8－26）式得 $\pi_m(q,w(q))=(w(q)-c)q$，制造商的问题是决定 q 使其期望利润达到最大，即：

$$\max_{q\geqslant 0}\pi_m(q,w(q))=(w(q)-c)q \tag{8-35}$$

引理8.2给出广义失效率（IGFR）分布的定义、广义失效率函数 $g_X(q)<1$ 的条件以及相关性质，这是定理8.1和定理9.1的证明基础。

引理8.2 记 X 的广义失效率函数 $g_X(q)=qf_X(q)/(1-F_X(q))$，$\psi_X(q)=(1-F_X(q))(1-g_X(q))$，$q\in[\underline{\ell},\overline{\ell}]$，若 X 服从IGFR分布，则：

（i）当 ρ 满足：$\rho<\bar{\rho}$ 时，有 $g_X(q)<1$，其中 $\rho=(p-c)/(p-v)$，$\bar{\rho}=F_X(g_X^{-1}(1))$；

（ii）若（i）中条件满足，则 $\psi_X(q)$ 在［$\underline{\ell}$，$\overline{\ell}$］上是 q 的严格单

调减函数。

证明：（i）由性质 8.3 可知制造商的最优订货量 q_m^* 小于供应链的最优订货量 q^c，当 X 服从 IGFR 分布时，$g_X(q_m^*) < g_X(q^c)$，为使 $g_X(q^c) < 1$，须使 $q^c < g_X^{-1}(1)$，由（8－12）式可知 $q^c = F_X^{-1}(\rho)$，则 $\rho < \bar{\rho}$，其中 $\rho = (p-c)/(p-v)$，$\bar{\rho} = F_X(g_X^{-1}(1))$，此时 $g_X(q) < 1$；

（ii）若（i）中条件满足，$F_X(q)$ 与 $g_X(q)$ 在区间［$\underline{\ell}$，$\overline{\ell}$］上均是 q 的严格单调增函数，因此，$\psi_X(q) = (1-F_X(q))(1-g_X(q))$ 在区间［$\underline{\ell}$，$\overline{\ell}$］上是 q 的严格单调减函数。

注 8.6　当需求 X 服从［0，1］区间上的均匀分布时，其广义失效率函数 $g_X(q) = q/(1-q) = 1/(1-q) - 1$ 是 q 的严格单调增函数，则 X 有 IGFR 分布。同时，在均匀分布需求下，$g_X^{-1}(q) = q/(1+q)$，$\bar{\rho} = g_X^{-1}(1) = 1/2$，引理 8.2 中条件（i）为 $\rho < 1/2$。根据 Cachon 和 Schweitzer①，这里 $\rho < 1/2$ 意味着提供的是低利润产品。

下面定理 8.1 证明在需求 X 具有 IGFR 分布条件下，制造商的最优订货量 q_m^* 存在且唯一，并且给出了制造商的最优订货量和最优批发价。

定理 8.1　考虑问题（8－35），当 X 的累积分布函数严格单调递增时，则有下列关系。

（i）若引理 8.2（i）中条件满足，即 X 服从 IGFR 分布，且 ρ 满足 $\rho < \bar{\rho}$，则（8－35）式中制造商的利润函数是 q 的单峰函数，其中 $\rho = (p-c)/(p-v)$，$\bar{\rho} = F_X(g_X^{-1}(1))$。制造商的最优订货量 q_m^* 存在且唯一，q_m^* 由（8－36）式给出：

$$(p-v)(1-F_X(q_m^*))(1-g_X(q_m^*)) - (c-v) = 0 \qquad (8-36)$$

（ii）记制造商的最优批发价 $w^* = w(q_m^*)$，则 w^* 由（8－37）式给出：

$$p - w^* - (p-v)F_X(q_m^*) = 0 \qquad (8-37)$$

---

① Schweitzer M E, Cachon G P. Decision Bias in the Newsvendor Problem with a Known Demand Distribution: Experimental Evidence［J］. Management Science, 2000, 46（3）: 404－420.

（iii）零售商的最优利润为：

$$\pi_r(q_m^*, w^*) = (p - v)GL_X(u) \tag{8-38}$$

其中 $u = (p - w^*)/(p - v)$，$GL_X(\cdot)$ 是定义在区间 [0，1] 上的函数，称为广义洛伦兹变换，

$$GL_X(u) = \int_{\underline{\ell}}^{F_X^{-1}(u)} (u - F_X(x))\mathrm{d}x + u\underline{\ell}, u \in [0,1] \tag{8-39}$$

（iv）制造商的最优利润为：

$$\pi_m(q_m^*, w^*) = (w^* - c)q_m^* \tag{8-40}$$

证明：（i）（8-35）式两边对 q 求一阶偏导数得：

$$\frac{\partial \pi_m(q,w)}{\partial q} = (p - v)(1 - F_X(q))(1 - g_X(q)) - (c - v) \tag{8-41}$$

若引理 8.2（i）中条件满足，则 $\psi_X(q) = (1 - F_X(q))(1 - g_X(q))$ 是 q 的严格单调减函数，$\frac{\partial \pi_m(q,\ w)}{\partial q}$是 q 的严格单调减函数，记 q_m^* 是 $\pi_m(q,\ w)$ 的最大值点，$\left.\frac{\partial \pi_m(q,\ w)}{\partial q}\right|_{q=q_m^*} = 0$，又因为$\frac{\partial \pi_m(q,\ w)}{\partial q} > 0$ 对所有的$\underline{\ell} \leqslant q < q_m^*$ 都成立，且$\frac{\partial \pi_m(q,\ w)}{\partial q} < 0$ 对所有的 $q_m^* < q \leqslant \bar{\ell}$ 都成立，因此，π_m（q，w）是 q 的单峰函数，最优订货量 q_m^* 存在且唯一，q_m^* 是令（8-41）式中$\frac{\partial \pi_m(q,\ w)}{\partial q} = 0$ 的唯一解，定理 8.1（i）得证。

（ii）由（8-32）式可得最优订货量 q_m^* 和最优批发价 w^* 的关系，定理 8.1（ii）得证。

（iii）将最优订货量 q_m^* 和最优批发价 w^* 代入（8-29）式中可得零售商的最优利润。

（iv）将最优订货量 q_m^* 和最优批发价 w^* 代入（8-35）式中可得制造商的最优利润。

注 8.7　定理 8.1（i）表明，当需求 X 服从 [0，1] 区间上的均匀分布且供应链提供低利润产品时，制造商的利润函数是 q 的单峰函

数，其最优订货策略存在且唯一。

注 8.8 Cachon① 考虑了与定理 8.1（i）类似的问题，但没有给出严格的证明。

8.4 随机需求下带有信息收集的供应链动态博弈模型②

本节研究批发价契约下，需求依赖信息收集努力且制造商主导的斯塔克尔伯格博弈模型。

考虑单周期单类产品且分别由单个风险中性制造商和单个风险中性零售商构成的一个二级供应链系统。假设制造商是领导者，决定给零售商产品的批发价 w，零售商是跟随者，决定其向制造商购买产品的订货量 q。当零售商的订货量 q 大于市场需求时，多余的产品以单价 v 进行处理；当订货量 q 小于市场需求时，多余的需求损失掉，且不考虑零售商和制造商的缺货损失。假设面对随机的市场需求，一个零售商可以通过收集信息来提升对需求信息的了解程度，从而降低需求可变性。信息收集的努力水平记为 e，$e \geqslant 0$。获取需求信息的努力成本记为 $\phi(e)$，是 e 的严格递增函数，即 $\phi'(e)>0$，$\phi''(e)>0$。单位产品市场零售价格为 p，制造商边际生产成本为 c，及销售剩余 v 满足 $p>w>c>v$。由此给出市场需求 $D(e)$ 的具体形式，即 $D(e)$ 是信息收集的努力水平 e 和随机因素 X 的函数，记为：

$$D(e)=\frac{1}{1+e}X+\left(1-\frac{1}{1+e}\right)\mu, e\geqslant 0 \tag{8-42}$$

其中，随机因素 X 为定义在区间 $[\underline{\ell}, \overline{\ell}]$ 上的连续型随机变量，其均值为 μ。

① Cachon G P. Supply Chain Coordination with Contracts, In: de Kok A G, Graves S C, Eds., Handbooks in Operations Research and Management Science, Elsevier Science Ltd, Volume 11, 2003: 222-238.

② 禹海波，李欣，李健，李泉林，唐中君．基于信息收集的降低需求可变性两级供应链博弈研究［J］. 管理工程学报，2021，35（3）：229-240.

第一阶段，风险中性制造商决定批发价 w 使其利润达到最大，即：

$$\max_{w>c}\pi_m(w,q,e)=(w-c)q \tag{8-43}$$

第二阶段，风险中性零售商决定订货量 q 和信息收集的努力水平 e 使其期望利润达到最大，即：

$$\max_{q\geq 0,e\geq 0}\pi_r(w,q,e)=E[\Pi_r(q,D(e))-\phi(e)] \tag{8-44}$$

其中：

$$\Pi_r(q,D(e))=p\min(q,\ D(e))+v(q-D(e))^+-wq \tag{8-45}$$

模型假设和事件发生的顺序见图 8.3。

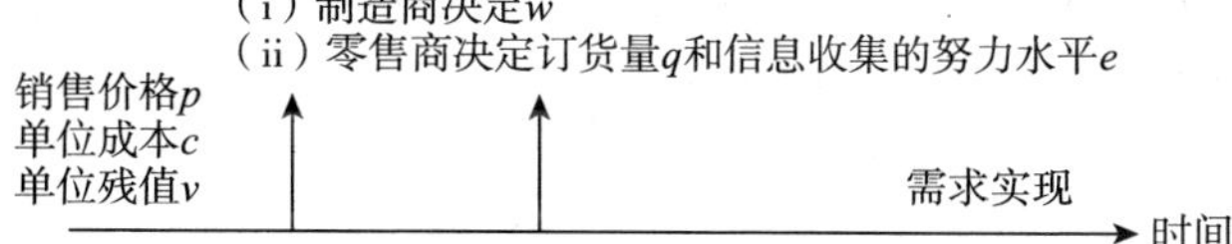

图 8.3　斯塔克尔伯格博弈模型假设和事件发生的顺序

首先考虑给定信息收集努力水平 e 时的相关性质。性质 8.5 给出信息收集努力水平 e 给定情况下，斯塔克尔伯格博弈模型中的最优订货量 $q^*(e)$，最优批发价 $w^*(e)$，零售商的最优利润 $\pi_r(w^*(e),\ q^*(e))$ 和制造商的最优利润 $\pi_m(w^*(e),\ q^*(e))$。

性质 8.5[①]　考虑制造商主导的斯塔克尔伯格博弈模型，给定信息收集努力水平 $e\geq 0$，当 X 的累积分布函数 $F_X(\cdot)$ 为严格单调增凸函数时，有以下关系。

(i) 存在 $\bar{q}\in(e\mu/(1+e),\ \bar{\ell})$ 且 $\underline{\ell}\leq e\leq\bar{e}=\rho/(\mu f(0))$，使得制造商的利润函数在区间 $[\underline{\ell},\ \bar{\ell}]$ 上是单峰函数，在区间 $[\underline{\ell},\ e\mu/(1+e))$ 上是严格增函数，在区间 $(\bar{q},\ \bar{\ell}]$ 上是严格减函数，在区间 $[e\mu/(1+e),\ \bar{q}]$ 上是严格凹函数，且有最优订货量 $q^*(e)$ 满足：

① 禹海波，李欣，李健，李泉林，唐中君．基于信息收集的降低需求可变性两级供应链博弈研究 [J]. 管理工程学报，2021，35 (3)：229-240.

$$(p-c)/(p-v)=F_X(A(e,q^*(e)))+(1+e)q^*(e)f_X(A(e,q^*(e))) \quad (8-46)$$

其中 $A(e, q)=(1+e)q-e\mu$。

(ii) 最优批发价 $w^*(e)$ 满足:

$$w^*(e)=p-(p-v)F_X(A(e,q^*(e))) \quad (8-47)$$

(iii) 制造商的最优利润 $\pi_m(w^*(e), q^*(e))$ 为:

$$\pi_m(w^*(e),q^*(e))=(p-v)(1+e)(q^*(e))^2 f_X(A(e,q^*(e))) \quad (8-48)$$

(iv) 零售商的最优利润 $\pi_r(w^*(e), q^*(e))$ 为:

$$\pi_r(w^*(e),q^*(e)) = (p-v)\left(q^*(e)F_X(A(e,q^*(e)))-\frac{1}{(1+e)}\int_{\underline{\ell}}^{A(e,q^*(e))}F_X(x)\mathrm{d}x\right)-\phi(e) \quad (8-49)$$

证明:(i) **首先求解第二阶段的问题**,即零售商决策订货量 q,给定努力水平 $e\geqslant0$,(8-44) 式可重写为:

$$\pi_r(w(e),q(e)) = (p-w)q-\frac{p-v}{1+e}\int_{\underline{\ell}}^{A(e,q(e))}F_X(x)\mathrm{d}x-\phi(e) \quad (8-50)$$

给定 e,(8-50) 式两边对 q 求一阶偏导数得 $\partial\pi_r(w(e), q(e))/\partial q(e)=p-w(e)-(p-v)F_X(A(e, q(e)))$。令 $\partial\pi_R(w(e), q(e))/\partial q(e)=0$,可得 $q(e)$ 与 $w(e)$ 的对应关系:

$$w(q(e))=p-(p-v)F_X(A(e,q(e))) \quad (8-51)$$

再求解第一阶段的问题,由 (8-51) 式可看出,$w(q(e))$ 关于 q 单调递减,即 $w'(q(e))=-(p-v)(1+e)\cdot f(A(e, q(e)))\leqslant0$。将 w 的优化问题转化为 q 的优化问题,记制造商的收益函数为 $R(q(e))$,则有 $R(q(e))=w(q(e))q(e)$,且有边际收益 $R'(q(e))=w'(q(e))q(e)+w(q(e))$,进一步可得 $R'(q(e))=w(q(e))(1+w'(q(e)))q(e)/w(q(e))$,代入 $w'(q(e))$ 可得:

$$R'(q(e))=p-(p-v)F_X(A(e,q(e)))-(p-v)(1+e)q(e)f_X(A(e,q(e))) \quad (8-52)$$

再令 $1/v(q(e)) = -w'(q(e))q(e)/w(q(e))$，则制造商收益函数的一阶导数为 $R'(q(e)) = w(q(e))(1-1/v(q(e)))$，二阶导数为：

$$R''(q(e)) = w'(q(e))(1-1/v(q(e))) + v'(q(e))w(q(e))/v^2(q(e)) \tag{8-53}$$

假设 X 为定义在区间 $[\underline{\ell}, \overline{\ell}]$，$\underline{\ell} \geq 0$，上的非负连续型随机变量，则 $D(e)$ 的定义区间为 $[e\mu/(1+e), (\overline{\ell}+e\mu)/(1+e)]$。接下来对 q 的情况进行分析：(a) 当 $\underline{\ell} \leq q(e) \leq e\mu/(1+e)$，由（8-51）式有 $w(q(e)) = p$，则 $R(q(e)) = w(q(e))q(e) = pq(e)$。因此，制造商的收益函数 $R(q(e))$ 关于 $q(e)$ 递增。(b) 当 $e\mu/(1+e) \leq q(e) \leq \overline{q}$，有：

$$1/v(q(e)) = (p-v)(1+e)f(A(e,q(e)))q(e)/(p-(p-v)F(A(e,q(e)))) \tag{8-54}$$

则 $d(1/v(q(e)))/dq(e) \leq 0 \Leftrightarrow f'(A(e, q(e))) \geq 0$。因此，当 X 的累积分布函数 $F(\cdot)$ 为严格单调递增的凸函数时，$v'(q(e)) \leq 0$。由（8-53）式，$R''(q(e)) < 0 \Leftrightarrow v'(q(e)) \leq 0$ 且 $1/v(q(e)) \leq 1$，其中存在最大值 $\overline{q} \in (e\mu/(1+e), \overline{\ell})$ 满足 $v(\overline{q}) = 1$。接着，令制造商的边际收益 $R'(q(e))$ 等于边际成本 c，即得（8-46）式中最优订货量 $q^*(e)$ 满足的等式，且需满足 $\lim\limits_{q(e)\to(e\mu/(1+e))^-} > c \Leftrightarrow e \leq \overline{e} = \rho/(\mu f(0))$。(c) 当 $\overline{q} \leq q(e) \leq \overline{\ell}$ 时，$v(q) \leq 1$，则制造商的边际收益满足 $R'(q(e)) < 0$，因此制造商的收益函数 $R(q(e))$ 关于 $q(e)$ 递减。

综上所述，制造商的利润函数在 $[\underline{\ell}, \overline{\ell}]$ 上是单峰函数，在 $[\underline{\ell}, e\mu/(1+e))$ 上是严格增函数，在 $(\overline{q}, \overline{\ell}]$ 上是严格减函数，在 $[e\mu/(1+e), \overline{q}]$ 上是严格凹函数，且有最优订货量 $q^*(e)$ 满足（8-46）式，性质 8.5 (i) 得证。

(ii) 将（8-46）式中的最优订货量 $q^*(e)$ 代入（8-51）式，可得制造商的最优批发价 $w^*(e)$。

(iii) 将(8-46)式中的最优订货量 $q^*(e)$ 和(8-47)式中的最优批发价 $w^*(e)$ 代入(8-43)式中，可得制造商的最优利润。

(iv) 将(8-46)式中的最优订货量 $q^*(e)$ 和(8-47)式中的最优批发价 $w^*(e)$ 代入(8-44)式，可得零售商的最优利润。

注 8.9 在不考虑信息收集努力水平 e 时，当销售剩余残值 v 等于零和不等于零的情况下，两篇文献[①][②]研究了制造商主导的斯塔克尔伯格博弈模型，给出最优解存在的条件，即需求的分布函数需要满足 IGFR 性质。在制造商主导的供应链中，考虑需求可变性降低且销售剩余残值 v 等于零时，同样有最优解存在的条件[③]。性质 8.5 中，分布函数 $F_X(\cdot)$ 为严格单调增函数和凸函数的条件是满足 IGFR 性质的充分条件。

下面性质 8.6 给出信息收集努力水平 e 给定下，斯塔克尔伯格博弈模型中最优决策和最优利润关于信息收集努力水平 e 的相关性质。

性质 8.6[④] 考虑制造商主导的斯塔克尔伯格博弈模型，给定信息收集努力水平 $e\geqslant 0$，当 X 的累积分布函数 $F_X(\cdot)$ 为严格单调增凸函数时，则：

(i) 当 $0<\rho\leqslant\mu f(0)$ 时，最优订货量 $q^*(e)$ 和最优批发价 $w^*(e)$ 都关于信息收集努力水平 e 单调递增，且有 $w^*(e)-c\geqslant(p-c)/2$；

(ii) 最优订货量 $q^*(e)$ 小于等于集中系统的最优订货量 $q^c(e)$，即 $q^*(e)\leqslant q^c(e)$；

(iii) 制造商的最优利润 $\pi_m(w^*(e), q^*(e))$ 大于等于零售商的最优利润 $\pi_r(w^*(e), q^*(e))$，且制造商的最优利润大于等于供应链分散系统实现的总利润的一半，即 $\pi_m(w^*(e), q^*(e))\geqslant(\pi_m(w^*$

① Lariviere M A, Porteus E L. Selling to the Newsvendor: An Analysis of Price-only Contracts [J]. Manufacturing & Service Operations Management, 2001, 3 (4): 293-305.

② Cachon G P. The Allocation of Inventory Risk in a Supply Chain: Push, Pull, and Advance-purchase Discount Contracts [J]. Management Science, 2004, 50 (2): 222-238.

③ Li M, Petruzzi N C. Demand Uncertainty Reduction in Decentralized Supply Chains [J]. Production and Operations Management, 2017, 26 (1): 156-161.

④ 禹海波，李欣，李健，李泉林，唐中君．基于信息收集的降低需求可变性两级供应链博弈研究 [J]. 管理工程学报, 2021, 35 (3): 229-240.

$(e), q^*(e)) + \pi_r(w^*(e), q^*(e)))/2$；其中 $q^*(e)$、$w^*(e)$ 分别在（8 -46）式、（8 -47）式中给出，$\pi_m(w^*(e), q^*(e))$、$\pi_r(w^*(e), q^*(e))$ 分别在（8 -48）式、（8 -49）式中给出，$q^c(e) = F_X^{-1}(\rho)/(1+e) + (1 - 1/(1+e))\mu$。

证明：（i）（8 -46）式两边同时对 e 求导，化简得：

$$\frac{\partial q^*(e)}{\partial e} = -\frac{1}{1+e} \cdot \frac{(2q^*(e) - \mu)f(A(e,q^*(e))) + (1+e)q^*(e)(q^*(e) - \mu)f'(A(e,q^*(e)))}{2f(A(e,q^*(e))) + (1+e)q^*(e)f'(A(e,q^*(e)))} \tag{8-55}$$

当 $q - \mu/2 \leqslant q^*(e) - \mu/2 \leqslant 0 \Leftrightarrow \partial R(q(e))/\partial q(e)|_{q(e)=\mu/2} - c \leqslant 0$ 时，$\partial q^*(e)/\partial e \geqslant 0$。令 $\partial R(q(e))/\partial q(e)|_{q(e)=\mu/2} - c = \psi(e)$，则 $\psi(e) = p - c - (p - v)F((1-e)\mu/2) - (p-v)(1+e)\mu/2f((1-e)\mu/2)$，又 $\partial\psi(e)/\partial e = (p-v)\mu^2(1+e)f'((1-e)\mu/2)/4 > 0$，因此，$\psi(e)$ 关于 e 递增，且有 $\psi(e) < 0$，可以推出 $\psi(\bar{e}) < 0$，其中 $0 \leqslant e < \bar{e} = \rho/\mu f(0) \leqslant 1$，等价于 $\rho \leqslant \mu f(0)$。令 $\zeta(\rho) = \psi(\bar{e})$，则 $\zeta(\rho) = p - c - (p-v)F(\mu/2 - J) - (p-v)(\mu/2 + J)f(\mu/2 - J)$，其中 $J = \rho/(2f(0))$，$0 < \rho \leqslant \mu f(0)$。又因为 $\partial\zeta(\rho)/\partial\rho = p - c + (p - v)(\mu/2 + J)/2f(0)f(\mu/2 - J) > 0$，因此 $\zeta(\rho)$ 关于 ρ 单调递增且有 $\zeta(\rho) \leqslant \zeta(\mu f(0))$，又因为 $\zeta(\mu f(0)) = 0$，因此 $\zeta(\rho) < 0$ 恒成立。即当 $0 < \rho \leqslant \mu f(0)$ 时，$\partial R(q(e))/\partial q(e)|_{q(e)=\mu/2} - c \leqslant 0$，此时 $\partial q^*(e)/\partial e \geqslant 0$。（8 -47）式两边同时对 e 求导后，结合式（8 -54）得：

$$\begin{aligned}\frac{\partial w^*(e)}{\partial e} &= -(p-v)f(A(e,q^*(e)))\left(\frac{(1+e)\partial q^*(e)}{\partial e} - (q^*(e) - \mu)\right) \\ &= \frac{(p-v)\mu f^2(A(e,q^*(e)))}{2f(A(e,q^*(e))) + (1+e)q^*(e)f'(A(e,q^*(e)))} > 0\end{aligned} \tag{8-56}$$

由此得到批发价关于努力水平的单调性，性质 8.6（i）得证。

（ii）给定信息收集努力水平 e，将集中系统的最优订货量 $q^c(e)$ 带入（8 -52）式中，得 $\partial R(q(e))/\partial q(e)|_{q=q^c(e)} = -(p-v)(F_X^{-1}(\rho) + e\mu)f_X(F_X^{-1}(\rho)) - c < 0$，因此有 $q^*(e) \leqslant q^c(e)$，性质 8.6（ii）

得证。

(iii) 结合 (8-51) 式和 (8-52) 式, $w(q^*(e))-c=(p-v)(1+e)q^*(e)\cdot f_X(A(e,q^*(e)))$, $p-w(q^*(e))=(p-v)F_X(A(e,q^*(e)))$。令:

$$\gamma=(w(q^*(e))-c)/(p-w(q^*(e))) \tag{8-57}$$

则 (8-57) 式可以化简为:

$$\gamma=A(e,q^*(e))f_X(A(e,q^*(e)))/F_X(A(e,q^*(e)))+ \\ e\mu f_X(A(e,q^*(e)))/F_X(A(e,q\,q^*(e))) \tag{8-58}$$

可以看出 $\gamma>1\Leftrightarrow A(e,q^*(e))f_X(A(e,q^*(e)))>F_X(A(e,q^*(e)))$, 结合 (8-48) 式和 (8-49) 式, $\pi_m(w^*(e),q^*(e))=(w(q^*(e))-c)q^*(e)$, $\pi_r(w^*(e),q^*(e))>(p-w(q^*(e)))q^*(e)$。

根据 (8-57) 式, 有 $\pi_m(w^*(e),q^*(e))/\pi_r(w^*(e),q^*(e))\geqslant\gamma$。

因此当 X 的累积分布函数 $F_X(\cdot)$ 为严格单调递增的凸函数时, $\gamma>1$, 且 $\pi_m(w^*(e),q^*(e))\geqslant(\pi_m(w^*(e),q^*(e))+\pi_r(w^*(e),q^*(e)))/2$, 性质 8.6 (iii) 得证。

根据 (8-57) 式, 以及 $(p-w)/(p-v)=(p-c)/((p-v)(1+\gamma))$, 得到 $w^*(e)-c\geqslant(p-c)/2$。

注 8.10 性质 8.6 (i) 表明, 在需求依赖信息收集努力水平下, 斯塔克尔伯格博弈的最优订货量和最优批发价均受到库存服务水平的影响, 当产品为低利润产品时, 收集需求信息会增加低利润产品的最优订货量, 且努力水平越高, 低利润产品的最优订货量越大, 最优批发价越高。另一方面, 需求可变性与信息收集努力水平负相关, 因此, 最优批发价会随着需求可变性的降低而增加, 这与 Lariviere 和 Porteus[①] 得到的结论一致。性质 8.6 (ii) 表明, 制造商和零售商各自决策的最优订货量要小于集中决策的最优订货量, 因此, 建议实际供应链上的

---

① Lariviere M A, Porteus E L. Selling to the Newsvendor: An Analysis of Price-only Contracts [J]. Manufacturing & Service Operations Management, 2001, 3 (4): 293-305.

制造商和零售商尽可能通过合作来达到集中系统的效果，以提升双方利润和供应链效率。性质 8.6（iii）体现了制造商在其主导的供应链中的地位优势，制造商的最优利润远远高于零售商，获得超过一半的供应链总利润。

习题

1. 供应链协调与纳什均衡之间有什么关系？
2. 静态批发价契约能否实现供应链协调？请给出证明。
3. 证明例 8.1 中的回购契约和例 8.2 中的收益共享契约是等价的。

第9章　行为博弈理论

本章介绍行为博弈理论，主要分为三部分。首先，介绍丹尼尔·卡尼曼的前景理论；其次，介绍考虑损失厌恶零售商的供应链动态博弈模型；最后，介绍基于实验的行为博弈模型。

9.1　丹尼尔·卡尼曼的前景理论

本节介绍由美国心理学教授丹尼尔·卡尼曼（Daniel Kahneman）和阿莫斯·特沃斯基（Amos Tversky）在1979年提出的行为经济学的理论——前景理论（Prospect Theory），也称为展望理论（预期理论），该理论将心理学成果引入经济学。[①]

现代经济学在风险和不确定条件下决策问题的传统理论是期望效用理论，该理论是由约翰·冯·诺依曼（John Von Neumann）与奥斯卡·摩根斯特恩（Oskar Morgenstern）1944年运用逻辑学和数学工具，在严格的公理化假设基础上建立的。期望效用理论提出了“理性人”假设，认为人具有完全理性。然而，大量的经济学家和心理学家对期望效用理论的公理系统所隐含的基本假设进行检验，对该理论提出了挑战。对期望效用理论进行修正的学者包括1978年诺贝尔经济学奖获得者赫伯特·亚历山大·西蒙（Herbert Alexander Simon）、2002年诺贝尔经济学奖获得者丹尼尔·卡尼曼以及心理学家阿莫斯·特沃斯基

① Kahneman D, Tversky A. Prospect Theory: An Analysis of Decision Under Risk [J]. Econometrica, 1979, 47: 263 -292.

等。赫伯特·亚历山大·西蒙提出了“有限理性”概念，卡尼曼和特沃斯基于1979年提出了前景理论，很好地解释了“阿莱悖论”（Allais Paradox）等现实中与期望效用理论假设不相符的经济现象。卡尼曼和特沃斯基又在1992年吸收了等级与符号依赖效用理论，对前景理论进行了改进，进而提出了累积前景理论。累积前景理论将前景理论简化为随机占优，解决了其不满足占优性的问题，将其推入更广泛的应用领域。

瑞典皇家科学院称，美国普林斯顿大学的心理学教授丹尼尔·卡尼曼因为“将来自心理研究领域的综合洞察力应用在了经济学当中，尤其是在不确定情况下的人为判断和决策方面做出了突出贡献”，获得了2002年诺贝尔经济学奖。长期以来，正统经济学一直以“理性人”为理论基础，通过一个个精密的数学模型构筑起完美的理论体系。而卡尼曼等人的行为经济学研究则从实证出发，从人自身的心理特质、行为特征出发，去揭示影响选择行为的非理性心理因素，其矛头直指正统经济学的逻辑基础——理性人假设。

早在20世纪50年代就有人开始研究行为经济学，但早期的研究比较零散。直到20世纪70年代，才由卡尼曼和特沃斯基对这一领域进行了广泛而系统的研究。行为经济学强调，人们的行为不仅受到利益的驱使，而且还受到多种心理因素的影响。前景理论把心理学研究和经济学研究有效地结合起来，揭示了在不确定性条件下的决策机制，开拓了一个全新的研究领域。从这个意义上说，卡尼曼的获奖，改变了经济学的发展方向。

前景理论有以下五个原理①。

（1）确定效应（Certainty Effect）。当一个人在面对两种都会遭受损失的抉择时，他的冒险精神会被激发出来。比如做一个实验：选A你一定能赚30000元，选B你有80%可能赚40000元，但有20%的可能什么也得不到，你会选择哪一个呢？实验的结果是，大部分人都选

① 禹海波，李媛．行为供应链博弈与供应链社会责任管理研究［M］．科学出版社，2017.

择 A。

根据传统经济学中的理性人假设，人们不会选择 A，因为 40000 元 ×80% =32000 元，期望值要大于 30000 元。这个实验结果是对“确定效应”的印证：大多数人在处于收益状态时，往往小心翼翼、厌恶风险，喜欢见好就收，害怕失去已有的利益。卡尼曼和特沃斯基将其称为“确定效应”，即处于收益状态时，大部分人都是风险厌恶者。

“确定效应”表现在投资上就是投资者有强烈的获利停手倾向，喜欢将正在赚钱的股票卖出。投资时，多数人的表现是“赔则拖，赢必走”。在股市中，普遍有一种“卖出效应”，即投资者卖出获利的股票的意向，要远远大于卖出亏损股票的意向。

（2）反射效应（Reflection Effect）。当一个人在面对两种都会遭受损失的抉择时，他的冒险精神会被激发出来。看下面的实验：选 A 你一定会赔 30000 元，选 B 你有 80% 可能赔 40000 元，但有 20% 的可能不赔钱，你会选择哪一个呢？实验结果是，只有少数人情愿“花钱消灾”选择 A，大部分人愿意冒一次险选择 B。

传统经济学中的“理性人”认为选择 B 是错误的，因为（ -40000 元）×80% = -32000 元，这个期望值小于选择 A 的结果 -30000 元。现实中，多数人在处于亏损状态时会不甘心。换句话说，当有损失预期时，大多数人会变得愿意冒风险。卡尼曼和特沃斯基称这种现象为“反射效应”。

“反射效应”是非理性的，表现在股市上就是喜欢将赔钱的股票继续持有下去。统计数据证实，投资者持有亏损股票的时间远长于持有获利股票的时间，投资者长期持有的股票多数是亏损的股票，他们因此类股票而被“套牢”。

（3）损失厌恶（Loss Aversion）。前景理论最重要和最有用的发现之一是，我们做有关收益和损失的决策时表现出不对称性，面对损失的痛苦感要大大超过面对获得的快乐感，这就是卡尼曼定义的“损失厌恶”。保罗·萨缪尔森（Paul A. Samuelson）也承认：“增加 100 元收入所带来的效用，小于失去 100 元所带来的效用。”①

行为经济学家通过一个赌局验证了上述论断：假设有一个赌博游戏，投一枚均匀的硬币，正面为赢，反面为输。如果赢了可以获得 50000 元，输了失去 50000 元。请做出你的选择：A. 愿意；B. 不愿意。从整体上来看，这个赌局输赢的可能性相同，就是说这个游戏的结果期望值为零，是一个绝对公平的赌局。大量的实验结果证明，多数人不愿意玩这个游戏。这个现象同样可以用损失厌恶效应来解释，虽然出现正反面的概率是相同的，但是人们对“失”比对“得”敏感。想到可能会输掉 50000 元，这种不舒服的程度超过了想到有同样可能赢来 50000 元的快乐。

由于人们对损失要比对相同数量的收益敏感得多，所以即使股票账户有涨有跌，人们也会更加频繁地为每日的损失而痛苦，最终将股票抛掉，一般人会因为“损失厌恶”而放弃本可以获利的投资。

（4）小概率（Small Probability）。前景理论还揭示了一个奇特现象，即人类具有强调小概率事件的倾向。所谓小概率事件，就是几乎不可能发生的事件。例如，“天上掉馅饼”就是个小概率事件。但如果掉下来的不是馅饼而是陷阱，也属于小概率事件。面对小概率的赢利，多数人是风险偏好者。面对小概率的损失，多数人是风险厌恶者。

现实中很多人都买过保险，虽然倒霉的概率非常小，人们还是想规避这个风险，这是保险公司持续经营的心理学基础。在小概率事件面前人类对风险的态度是矛盾的，一个人可以是风险偏好者，同时又是风险厌恶者。传统经济学无法解释这个现象。归根结底，人们真正厌恶的是损失，而不是风险。

（5）参照依赖（Reference Dependence）。假设你面对这样一个选择：在商品和服务价格相同的情况下，你有两种选择：A. 其他同事一年挣 6 万元的情况下，你的年收入为 7 万元；B. 其他同事年收入为 9 万元的情况下，你一年收入为 8 万元。丹尼尔·卡尼曼的实验结果是：

① 〔美〕保罗·萨缪尔森，威廉·诺德豪斯．经济学［M］．萧琛译．北京：商务印书馆，2014.

大部分人选择了前者。事实上，我们对得与失的判断，是来自与他人的比较。

传统经济学认为金钱的效用是绝对的，而行为经济学则告诉我们，金钱的效用是相对的。这就是财富与幸福之间的悖论。假设你今年收入 20 万元，你是高兴还是失落呢？如果你的目标是 10 万元，你会感到很愉快；如果你的目标是 100 万元，你一定会感到失落。

传统经济学的偏好理论（Preference Theory）指出，人的选择与参照点无关。而行为经济学则证实，所谓的损失和获得，一定是相对于参照点而言的，卡尼曼将其称为“参照依赖”。事实上，一般人对一个决策结果的评价，是通过计算该结果相对于某一参照点的变化而完成的。人们看的不是最终的结果，而是看最终结果与参照点之间的差额。一样东西可以说成是“得”，也可以说成是“失”，这取决于参照点的不同，非理性的得失感会对我们的决策产生影响。

价值函数与权重函数是预期理论的两大基石，尤其是权重函数的提出，不仅可以解释诸如购买保险和彩票等偏好行为，而且可以化解对期望效用理论提出致命挑战的阿莱悖论。

（1）价值函数[①]。卡尼曼和特沃斯基定义了价值函数，在价值函数中，主观参照点对个体的风险态度起着非常重要的作用。当总价值量大于主观参照点时，个体将其定义为收益；当总价值量小于主观参照点时，个体将其定义为损失。价值函数把表面价值（如金额）转化为决策价值，其具体形式为：

$$u(W)=\begin{cases}W^{\alpha}, W\geqslant 0\\ -\lambda(-W)^{\beta}, W<0\end{cases} \tag{9-1}$$

其中，W 是表面价值，如金额的得失，得为正，失为负，α 和 β 为风险偏好系数，λ 为损失厌恶系数，$\lambda>1$ 表示决策者对损失更加敏感，u（·）是决策价值或效用函数。

① Kahneman D, Tversky A. Prospect Theory: An Analysis of Decision Under Risk [J]. Econometrica, 1979, 47: 263-292.

注 9.1　特别地，当 $\alpha=1$，$\beta=1$ 时，(9－1) 式退化为：

$$u(W)=\begin{cases}W, W\geqslant 0\\ \lambda W, W<0\end{cases} \tag{9-2}$$

在卡尼曼和特沃斯基的研究中，被试者的风险偏好系数 $\alpha=\beta=0.88$，$\lambda=2.25$。其他研究者也得到了相近的数值。卡尼曼和特沃斯基前景理论中的价值函数曲线如图 9.1 所示[①]。

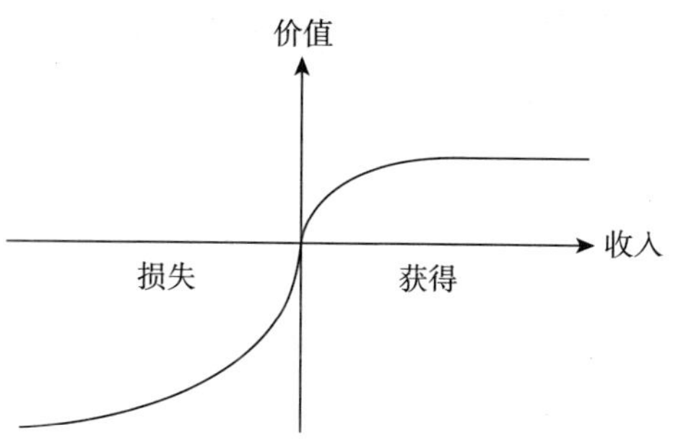

图 9.1　前景理论中的价值函数曲线

图 9.1 中的价值函数有四个特点：(i) 其定义域不是财富，而是财富的变化（得与失），即财富相对于某个参照点的差距，这个参照点往往是当前的财富状态；(ii) 整个函数是递增的，且效用函数 $u(\cdot)$ 满足 $u(0)=0$；(iii) 在财富获得区域中，价值函数曲线为凹曲线 [即当 $W>0$ 时，$u''(W)<0$]，在财富损失区域中，价值函数曲线为凸曲线 [即当 $W<0$ 时，$u''(W)>0$]；(iv) 在损失区域的价值函数曲线比在获得区域的价值函数曲线更陡峭，通俗地说，失去 100 元所带来的痛苦程度要大于获得 100 元所带来的快乐程度（即损失厌恶）。

(2) 权重函数[②]。卡尼曼和特沃斯基定义了概率权重函数，它不是期望效用理论中事件的概率，它代表对选项进行估计时其相应概率的影响程度。概率权重函数的具体形式为：

---

① Kahneman D, Tversky A. Prospect theory: An Analysis of Decision Under Risk [J]. Econometrica, 1979, 47: 263－292.

② Kahneman D, Tversky A. Prospect Theory: An Analysis of Decision Under Risk [J]. Econometrica, 1979, 47: 263－292.

$$u(W)=\begin{cases}\dfrac{p^{\gamma}}{(p^{\gamma}+(1-p)^{\gamma})^{1/\gamma}}, W\geq 0\\ \dfrac{p^{\delta}}{(p^{\delta}+(1-p)^{\delta})^{1/\delta}}, W<0\end{cases} \tag{9-3}$$

其中，p 为概率。权重系数满足四个基本性质：次可加性、高估小概率、次确定性和次比例性。在卡尼曼和特沃斯基的研究中，被试者的权重参数 $\gamma=0.61$，$\delta=0.69$。其他研究者也得到了相近的数值。卡尼曼和特沃斯基前景理论中的概率权重函数曲线如图 9.2 所示。

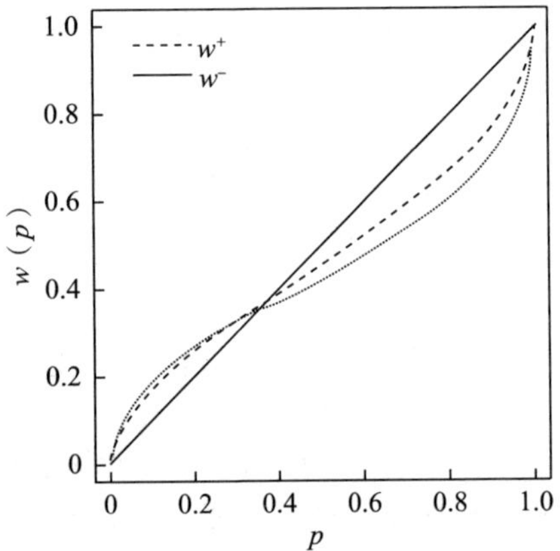

图 9.2　前景理论中的概率权重函数曲线

9.2　损失厌恶零售商的供应链动态博弈模型

本节分析零售商具有损失厌恶的二级供应链博弈问题，主要运用子博弈精炼纳什均衡理论、逆推归纳法、次模（超模）函数及其性质、最优化方法等，通过构建供应链动态博弈模型，给出均衡解及利润（期望效用）的解析解，以及这些指标关于损失厌恶系数 λ 的单调性。

考虑单周期单类产品且由一个风险中性制造商和一个损失厌恶零售商构成的一个二级供应链系统。假设市场需求 X_{α} 受到市场需求可变性 α 和随机因素 X 的影响，由此给出市场需求 X_{α} 的具体形式，记为：

$$X_{\alpha}=\alpha X+(1-\alpha)\mu \tag{9-4}$$

其中 X 是服从一般概率分布且均值为 μ 的随机变量，其定义区间为 $[\underline{\ell}, \overline{\ell}]$，$0 \leqslant \underline{\ell} < \overline{\ell}$。记 $f_X(\cdot)$、$F_X(\cdot)$ 和 $g_X(\cdot)$ 分别为 X 的概率密度函数、累积分布函数和广义失效率函数，这里 $F_X(\cdot)$ 严格单调递增，$g_X(x) = \dfrac{xf_X(x)}{1 - F_X(x)}$，$\underline{\ell} < x < \overline{\ell}$。

假设制造商是领导者，他决定给零售商产品的批发价 w，零售商是跟随者，决定其向制造商购买产品的订货量 q，且零售商是损失厌恶的，其效用 $u(\cdot)$ 由（9-2）式给出。当零售商订货量大于市场需求时，多余的产品以单价 v 进行处理；当订货量小于市场需求时，多余的需求损失掉，且不考虑零售商和制造商的缺货损失，单位产品市场零售价格为 p，制造商边际生产成本为 c，销售剩余 v 满足 $p > w > c > v$。

第一阶段，风险中性制造商决定批发价 w，使其利润达到最大，即：

$$\max_{w > c} \pi_m(q, w) = (w - c)q \tag{9-5}$$

第二阶段，损失厌恶零售商决定订货量 q，使其期望效用达到最大，即：

$$\max_{q \geqslant 0} \pi_{r,\lambda}(q, w) = E[u(\Pi_r(q, w, X_\alpha))] \tag{9-6}$$

其中，$u(W)$ 的表达式见（9-2）式。（9-2）式中的 λ 是损失厌恶系数，$\lambda \geqslant 1$，λ 越大表示零售商越厌恶损失。特别地，当 $\lambda = 1$ 时，对应完全理性情形。

$$\Pi_r(q, w, X_\alpha) = p\min(q, X_\alpha) + v(q - X_\alpha)^+ - wq \tag{9-7}$$

（9-7）式中零售商的（随机）利润 $\Pi_r(q, w, X_\alpha)$ 可化简为

$$\Pi_r(q, w, X_\alpha) = \begin{cases} \alpha(p - v)(X_\alpha - W(q)), X_\alpha \leqslant q \\ (p - w)q, X_\alpha > q \end{cases} \tag{9-8}$$

其中，$W(q) = ((w - v)q - (1 - \alpha)(p - v)\mu) / \alpha(p - v)$。

首先求解第二阶段的问题，性质 9.1 给出（9-6）式中零售商期望效用、零售商最优订货量及其性质，并给出零售商最优订货量关于

损失厌恶系数 λ 的单调性。

性质 9.1 考虑（9－6）式，

（i）零售商的期望效用 $\pi_{r,\lambda}(q, w)$ 可重写为：

$$\pi_{r,\lambda}(q,w)=(p-w)q-\alpha(p-v)\int_{\underline{\ell}}^{A(q)}F_X(x)\mathrm{d}x-\alpha(\lambda-1)(p-v)\int_{\underline{\ell}}^{W(q)}F_X(x)\mathrm{d}x \tag{9-9}$$

其中：

$$A(q)=(q-(1-\alpha)\mu)/\alpha \tag{9-10}$$

（ii）对任意 $\lambda\geqslant 1$，$\pi_{r,\lambda}(q, w)$ 是 q 的严格凹函数，且其关于 q 的一阶偏导数为：

$$\frac{\partial\pi_{r,\lambda}(q,w)}{\partial q}=p-w-(p-v)F_X(A(q))-(\lambda-1)(w-v)F_X(W(q)) \tag{9-11}$$

（iii）$\pi_{r,\lambda}(q, w)$ 是 (q, w) 的严格次模函数，零售商最优订货量 $q_{r,\lambda}^*$ 满足：

$$(p-v)(1-F_X(A(q_{r,\lambda}^*)))-(w-v)(1+(\lambda-1)F_X(W(q_{r,\lambda}^*)))=0 \tag{9-12}$$

且 $q_{r,\lambda}^*$ 是 w 的严格单调减函数。

（iv）记 $w(q)$ 为（9－12）式导出的批发价，它满足：

$$(p-v)(1-F_X(A(q)))-(w(q)-v)(1+(\lambda-1)F_X(W(q)))=0 \tag{9-13}$$

证明：（i）结合（9－2）、（9－6）及（9－7）式，经计算得到（9－9）式。

（ii）（9－9）式两边分别对 q 求一阶导数得（9－11）式，进一步：

$$\frac{\partial^2\pi_{r,\lambda}(q,w)}{\partial q^2}=-((p-v)f_X(q)/\alpha+(\lambda-1)\frac{(w-v)^2}{\alpha(p-v)}f_X(W(q)))<0 \tag{9-14}$$

即 $\pi_{r,\lambda}(q, w)$ 是 q 的严格凹函数，$\lambda>1$。

（iii）（9－11）式两边分别对 w 求偏导数得：

$$\frac{\partial^2 \pi_{r,\lambda}(q,w)}{\partial q \partial w} = -\left(1+(\lambda-1)F_X(W(q)) + (\lambda-1)(w-v)\frac{q}{\alpha(p-v)}f_X(W(q))\right) < 0 \tag{9-15}$$

根据引理7.2（ii）可知，$\pi_{r,\lambda}(q, w)$ 是 (q, w) 的严格次模函数，再根据引理7.2（i），得到 $q_{r,\lambda}^*$ 关于 w 的单调性。

（iv）由（9－12）式直接得到。

注9.2 特别地，当 $\lambda=1$，$\alpha=1$ 且 $\mu=0$ 时，性质9.1（iv）变为 $p-w(q)-(p-v)F_X(q)=0$，这与Cachon的结果一致①。

注9.3 观察（9－11）式可知，$\frac{\partial^2 \pi_{r,\lambda}(q, w)}{\partial q \partial \lambda} = -(w-v)\ F_X(W(q))<0$，即 $\pi_{r,\lambda}(q, w)$ 是 (q, λ) 的次模函数，因此 $q_{r,\lambda}^*$ 是 λ 的单调减函数且 $q_{r,\lambda}^* \leqslant q_{r,1}^*$，即损失厌恶零售商的最优订货量随损失厌恶系数 λ 的增大而减小，且其订货量低于风险中性下的订货量。

再解第一阶段的问题，将（9－13）式中的 $w(q)$ 代入（9－5）式中得制造商的问题是决定 q 使其期望利润达到最大，即：

$$\max_{q \geqslant 0} \pi_m(q, w(q)) = (w(q)-c)q \tag{9-16}$$

引理9.1用于证明 $W(q)$ 关于 q 的单调性，是下文定理9.1的证明基础。

引理9.1 记 $V(x)=x\ (1+(\lambda-1)F_X(x))$，$x\in[\underline{\ell}, \overline{\ell}]$，$X$ 的累积分布函数 $F_X(\cdot)$ 是严格单调递增的。

（i）对任意的 $x\in[\underline{\ell}, \overline{\ell}]$，$0\leqslant\underline{\ell}<\overline{\ell}$，$V(x)$ 是 x 的严格单调增函数。

（ii）若（i）中条件满足，则 $W(q)$ 是 q 的严格单调增函数。

证明：（i）$V(x)$ 左右两边同时对 x 求一阶导数得：

$$V'(x) = 1+(\lambda-1)F_X(x) + x(\lambda-1)f_X(x) > 0 \tag{9-17}$$

① Cachon G P. Supply Chain Coordination with Contracts, In: de Kok A G, Graves S C, Eds., Handbooks in Operations Research and Management Science, Elsevier Science Ltd, Volume 11, 2003: 222－238.

因此，$V(x)$ 是 x 的严格单调增函数，引理 9.1（i）得证。

（ii）可知 $V(W(q)) = W(q)(1+(\lambda-1)F_X(W(q)))$，$W(q) \in [\underline{\ell}, \overline{\ell}]$，则：

$$\frac{\partial V(W(q))}{\partial q} = \frac{\partial V(W(q))}{\partial W(q)} W'(q) \tag{9-18}$$

由引理9.1（i）可知，$V(x)$ 是 x 的严格单调增函数，$\frac{\partial V(W(q))}{\partial q} > 0$，$\frac{\partial V(W(q))}{\partial W(q)} > 0$，则 $W'(q) > 0$，因此 $W(q)$ 是 q 的严格单调增函数，引理 9.1（ii）得证。

定理 9.1 证明了在需求 X 有 IGFR 分布条件下，制造商的最优订货量 q_λ^* 存在且唯一，并给出了制造商的最优订货量、最优批发价以及零售商与制造商的最优利润的解析表达式。

定理 9.1 考虑问题（9-16），X 的累积分布函数 $F_X(\cdot)$ 是严格单调递增的。

（i）如果引理 8.2 中条件（i）满足，记 $W_\lambda^* = W(q_\lambda^*)$，则问题（9-16）中制造商的利润函数 $\pi_m(q, w(q))$ 是 q 的单峰函数，其最优订货量 q_λ^* 是下列方程的唯一解：

$$\begin{aligned}(p-v)\psi_X(A(q_\lambda^*)) - (c-v)V'(W(q_\lambda^*)) - (1-\alpha)\mu((p-v)\\ f_X(A(q_\lambda^*)) + (c-v)(\lambda-1)f(W(q_\lambda^*)))/\alpha = 0\end{aligned} \tag{9-19}$$

其中：

$$V'(W(q)) = \lambda - (\lambda-1)\psi_X(W(q)) \tag{9-20}$$

（ii）记制造商的最优批发价 $w_\lambda^* = w(q_\lambda^*)$，$w_\lambda^*$ 满足：

$$w_\lambda^* = \frac{\alpha(p-v)}{q_\lambda^*}\left(V^{-1}\left(\frac{q_\lambda^*}{\alpha}\left(1 - F\left(\frac{q_\lambda^* - (1-\alpha)\mu}{\alpha}\right)\right)\right) + \frac{(1-\alpha)\mu}{\alpha}\right) + v \tag{9-21}$$

（iii）零售商的最优利润为：

$$\pi_r^\lambda(q_\lambda^*, w_\lambda^*) = \alpha(p-v)\left(\int_{W(q_\lambda^*)}^{A(q_\lambda^*)}(1-F_X(x))\mathrm{d}x - \lambda\int_{\underline{l}}^{q_\lambda^*} F_X(x)\mathrm{d}x\right) \tag{9-22}$$

（iv）制造商的最优利润为：

$$\pi_m(q_\lambda^*, w_\lambda^*) = (w_\lambda^* - c)q_\lambda^* \tag{9-23}$$

证明：（i）（9－13）式两边同时对 q 求一阶偏导数得：

$$w'(q) = -\frac{\frac{p-v}{\alpha}f_X(A(q)) + \frac{(\lambda-1)(w(q)-v)^2}{\alpha(p-v)}f_X(W(q))}{1+(\lambda-1)(1-\psi_X(W(q)))+\frac{(1-\alpha)\mu}{\alpha}(\lambda-1)f_X(W(q))} \tag{9-24}$$

（9－16）式两边同时对 q 求一阶偏导数得：

$$\begin{aligned}\frac{\partial\pi_m(q,w(q))}{\partial q} &= w(q) - c + qw'(q)\\ &= \frac{(p-v)\psi_X(A(q)) - \frac{(p-v)(1-\alpha)\mu}{\alpha}f_X(A(q))}{1+(\lambda-1)(1-\psi_X(W(q)))+\frac{(1-\alpha)\mu}{\alpha}(\lambda-1)f_X(W(q))} - (c-v)\end{aligned} \tag{9-25}$$

如果引理 8.2 中条件（i）得到满足，X 具有 IGFR 分布，则 $\psi_X(q)$ 在 $[\underline{\ell}, \overline{\ell}]$ 上是 q 的严格单调减函数，又根据引理 9.1（ii）可知，$W(q)$ 是 q 的严格单调增函数，所以 $\frac{\partial\pi_m(q, w(q))}{\partial q}$ 在 $[\underline{\ell}, \overline{\ell}]$ 上是 q 的严格单调减函数，并且存在最优订货量 q_λ^* 使 $\frac{\partial\pi_m(q, w(q))}{\partial q} = 0$。根据 8.1 节定义 8.5 可判断，制造商的期望利润 $\pi_m(q, w(q))$ 是 q 的单峰函数，则定理 9.1（i）得证。

（ii）根据（9－13）式，可将最优订货量 q_λ^* 和 W_λ^* 的关系式重写为：

$$q_\lambda^*(1 - F_X(A(q_\lambda^*)))/\alpha - (W_\lambda^* + (1-\alpha)\mu/\alpha)(1+(\lambda-1)F_X(W_\lambda^*))) = 0 \tag{9-26}$$

结合引理 9.1 和（9－26）式可得 $W_\lambda^* = V^{-1}(q_\lambda^*(1 - F_X(A(q_\lambda^*)))/\alpha)$，又根据 $W(q)$ 与 w 的关系式，因此可得制造商的最优批发价 w_λ^* 的表达式。

（iii）将（9－19）中的最优订货量 q_λ^* 和（9－21）中的最优批发价 w_λ^* 代入（9－9）式中可得零售商的最优利润。

（iv）将（9－19）中的最优订货量 q_λ^* 和（9－21）中的最优批发价 w_λ^* 代入（9－16）式中可得制造商的最优利润。

性质 9.2 给出制造商的最优订货量、最优批发价以及零售商的最优利润与制造商的最优利润关于损失厌恶系数 λ 的单调性。

性质 9.2 考虑问题（9－16），

（i）给定批发价 w，制造商的最优订货量 q_λ^* 在区间 $[1, \infty)$ 上是 λ 的严格单调减函数。

（ii）给定订货量 q，制造商的最优批发价 w_λ^* 在区间 $[1, \infty)$ 上是 λ 的严格单调减函数。

证明：（i）（9－19）式两边 q_λ^* 对 λ 求一阶偏导数得：

$$\frac{\partial q_\lambda^*}{\partial \lambda} = -\frac{(w_\lambda^* - v)F_X(W(q_\lambda^*))}{\frac{p-v}{\alpha}f_X(A(q_\lambda^*)) + \frac{(\lambda-1)(w_\lambda^*-v)^2}{\alpha(p-v)}f_X(W(q_\lambda^*))} < 0 \tag{9-27}$$

由此得到制造商的最优订货量 q_λ^* 关于损失厌恶系数 λ 的单调性。

（ii）（9－21）式两边 w_λ^* 对 λ 求一阶偏导数得：

$$\frac{\partial w_\lambda^*}{\partial \lambda} = -\frac{(w_\lambda^* - v)F_X(W(q_\lambda^*))}{1 + (\lambda-1)F_X(W(q_\lambda^*)) + \frac{(\lambda-1)(w_\lambda^*-v)q_\lambda^*}{\alpha(p-v)}f_X(W(q_\lambda^*))} < 0 \tag{9-28}$$

由此得到制造商的最优批发价 w_λ^* 关于损失厌恶系数 λ 的单调性。

下面具体给出数值算例，验证获得的研究结果，并进行进一步探究。

例 9.1 假设 $p=10$，$c=6$，$v=5$，假设 X 服从定义在 $[0, 2]$ 上的均匀分布，它的累积分布函数为 $F_X(x)=x/2$，概率密度函数 $f_X(x)=1/2$，$x\in[0, 2]$，则有 X 的均值为 $\mu=1$。表 9.1 给出了当损失厌恶系数一定时（$\lambda=2$），需求可变性 α 取不同值时对供应链动态分散系统的最优决策和最优期望利润的影响。表 9.2 给出了当需求可变性一定时

($\alpha=1$)，损失厌恶系数 λ 取不同值时对供应链动态分散系统的最优决策和最优期望利润的影响。

表 9.1　α 取不同值时供应链分散系统的最优决策和最优期望利润（$\lambda=2$）

α	q_λ^*	w_λ^*	$\pi_m(q_\lambda^*, w_\lambda^*)$	$\pi_r^\lambda(q_\lambda^*, w_\lambda^*)$
0.6	0.6246	8.8190	1.7610	0.6202
0.7	0.6514	8.3980	1.5620	0.7865
0.8	0.6964	8.0900	1.4140	0.8629
0.9	0.7000	7.8570	1.3000	0.8750
1.0	0.7226	7.6760	1.2110	0.8397

表 9.1 验证了需求可变性 α 对供应链分散系统的影响。当市场需求可变性 α 增加时，最优订货量 q_λ^* 随着市场需求可变性 α 的增加而增加，最优批发价 w_λ^* 随着市场需求可变性 α 的增加而减少。制造商的最优利润 $\pi_m(q_\lambda^*, w_\lambda^*)$ 与零售商的最优利润 $\pi_r^\lambda(q_\lambda^*, w_\lambda^*)$ 也受到了市场需求可变性 α 的影响，制造商的最优利润 $\pi_m(q_\lambda^*, w_\lambda^*)$ 随着市场需求可变性 α 的增加而减少。

表 9.2　λ 取不同值时供应链分散系统的最优决策和最优期望利润（$\alpha=1$）

λ	q_λ^*	w_λ^*	$\pi_m(q_\lambda^*, w_\lambda^*)$	$\pi_r^\lambda(q_\lambda^*, w_\lambda^*)$
1.0	0.8000	8.0000	1.6000	0.8000
1.2	0.7818	7.9130	1.4950	0.8158
1.4	0.7652	7.8400	1.4080	0.8264
1.6	0.7500	7.7780	1.3330	0.8333
1.8	0.7359	7.7240	1.2680	0.8375

表 9.2 验证了性质 9.2（i）与（ii）中供应链分散系统下的相关性质。当零售商的损失厌恶系数 λ 增加时，最优订货量 q_λ^* 和最优批发价 w_λ^* 随着零售商的损失厌恶系数 λ 的增加而减少。制造商的最优利润 $\pi_m(q_\lambda^*, w_\lambda^*)$ 与零售商的最优利润 $\pi_r^\lambda(q_\lambda^*, w_\lambda^*)$ 也受到了零售商损失厌恶系数 λ 的影响，制造商的最优利润 $\pi_m(q_\lambda^*, w_\lambda^*)$ 随着零售商损失厌恶系数 λ 的增加而减少，零售商的最优利润 $\pi_r^\lambda(q_\lambda^*, w_\lambda^*)$ 随着零售

商损失厌恶系数 λ 的增加而增加。

9.3 基于实验的行为博弈模型

本节介绍三个基于实验的行为博弈模型。行为博弈论将个人的社会偏好等行为因素引入博弈论中，研究的核心是在考虑参与方的心理情况下，决策主体的实际行为发生直接相互作用时的决策以及这种决策的均衡问题。传统博弈论与信息经济学一直以理性人假设为理论基础，通过一个个精美的数学模型搭建起公理化的完美自洽的理论体系。然而，心理学和行为科学的研究发现人们也有很多与此假设相悖的行为，比如人们会有公平心理和平等倾向。行为博弈论与当代的行为经济学、实验经济学，乃至神经元经济学都密切相关。

主要的基于实验的行为博弈模型有以下三个。

1. 囚徒困境模型（Prisoner's Dilemma）

囚徒困境是博弈论中非零和博弈的代表性例子，反映了个人最佳选择并非团体最佳选择。虽然困境本身只属模型性质，但现实中囚徒困境的例子屡见不鲜。

艾伯特·塔克（Albert Tucker）提出了“囚徒困境”，具体指：两个共谋犯罪的人被关入监狱，不能互相沟通情况。如果两个人都不揭发对方，则由于证据不足，每个人都坐牢 1 年；若一人揭发，而另一人沉默，则揭发者因为立功而可立即获释，沉默者因不合作而入狱 10 年；若互相揭发，则因证据确凿，二者都判刑 8 年。由于囚徒无法信任对方，因此倾向于互相揭发，而不是同守沉默。

囚徒困境是两个被捕的囚徒之间的一种特殊博弈，说明为什么甚至在合作对双方都有利时，保持合作也是困难的。现实中的价格竞争、环境保护、人际关系等方面，也会频繁出现类似情况。

囚徒困境假定每个参与者（即“囚徒”）都是利己的，都寻求最大自身利益，而不关心另一参与者的利益，这也就是经典经济学中的理性人假设。设想困境中两名理性囚徒会如何做出选择：若对方沉默时，揭发会让自己获释，所以会选择揭发。若对方揭发，自己也要揭发对方才能得到较低的刑期，所以也会选择揭发。二人面对的情况一样，所以二人的理性思考都会得出相同的结论——选择揭发。揭发是两种策略之中的占优策略。因此，这场博弈中唯一可能达到的纳什均衡，就是双方都背叛对方，结果二人同样服刑 8 年。

这场博弈的纳什均衡，不是顾及团体利益的帕累托最优解决方案。以全体利益而言，如果两个参与者合作并保持沉默，两人都只会被判刑 1 年，总体利益更高，结果也较两人背叛对方、各判刑 8 年的情况为佳。但根据以上假设，二人均为理性的个人，且只追求个人利益。均衡状况会是两个囚徒都选择背叛，结果二人刑期均比合作时长，总体利益较合作时低，这就是“困境”所在。囚徒困境证明了在非零和博弈中，帕累托最优和纳什均衡是相互冲突的，而且纳什均衡是较常发生的。

2. 投资博弈模型（Investment Games）[①]

（i）模型：有两位博弈者，分别称之为投资人 A 和借款人 B。他们互不相识，博弈方 A 和 B 均得到 10 元钱，A 被告知可以完全保留这笔钱，也可以将其中的任意比例借给 B，他给出的任何金额都会以大于 1 的某一倍数付给 B，然后由 B 决定是否回报和回报多少给 A。

（ii）标准博弈论的预测结果：按照标准博弈论，理性的 B 应该最大化他自身的利益，那么他的最优策略就是保有获得的所有收益，不会返还给博弈方 A。而理性的 A 当然会估计到 B 的策略，因此不会借钱给 B，这就是纳什均衡点。即在这样的一次性博弈中，纳什均衡是 A 和 B 各自都只能获得 10 元钱。

（iii）实验结果：经过成百上千次的实验，发现 50% 的博弈方 A 会将钱借给对方，而其中的 75% 会收到对方的还款。而且，B 从 A 处借的钱越多，随后向 A 还的钱就越多。

（iv）实验结果的解释：标准博弈论的结论是个人理性行为导致集

① 杨胜刚，吴立源．实验经济学的新视野：行为博弈论述评［J］．财经理论与实践，2004，（2）：2－7，125.

体的非理性，而行为博弈论的结论是个人非理性行为导致集体理性。因为人类是高度社会化的生物，大脑作为内在的指南针引导我们做出“正确”的选择，只有在与世隔绝的环境才可能出现标准博弈论的结果。

3. 可置信威胁议价博弈（Ultimatum Bargaining）①

（1）模型：两个博弈方（出价者 A 和回应者 B）就 100 元钱进行议价，100 元代表双方交易的利润或者说盈余，A 向对方分配 a 元，则自己剩下 $100-a$ 元，B 要么接受他的出价获得 a 元，而 A 得到 $100-a$ 元，要么 B 拒绝 A，两人均一无所获。

（2）标准博弈论的预测结果：按照标准博弈论，两个博弈方都是理性自利的，有收益总是比没收益好，因此只要 A 对 B 的分配额大于 0，理性的 B 都会接受。所以，A 获得绝大部分利益，B 只能分得一小部分，该博弈有无穷多个纳什均衡。

（3）实验结果：行为博弈论的实验表明，出价者的平均出价是 40 元至 50 元，50% 的博弈方 B 都拒绝了 20 元以下的出价，认为过分低于 1/2 的出价太不公平，因此以拒绝的方式惩罚对方的过分行为，结果双方的收益都为 0。

（4）实验结果的解释：如果博弈方 A 出价过低，B 的拒绝实质上是一种“报复性回报”。这就是说，回应者宁愿牺牲自身的利益去惩罚那些不公平对待他们的出价者。这种报复性回报在现实生活中很常见，如拒绝庭外调解，是回应人为了伤害对方不惜牺牲自己利益的非理性行为。

一些博弈者将获得收益的一半视作公平交易点并且有要求被公平对待的偏好。在我们的实际生活中，这是很多时候人们花费大量的没有增加整体社会福利的成本所希望达到的境况，这不过是为了求得公平、公正与合理。可置信威胁议价博弈最早由 Guth 等②提出。

① 杨胜刚，吴立源．实验经济学的新视野：行为博弈论述评［J］．财经理论与实践，2004，（2）：2－7，125．

② Guth W，Schmittberger R，Schwarze B. An Experimental Analysis of Ultimatum Bargaining［J］. Journal of Economic Behavior & Organization，1982，3（4）：367－388.

习题

1. 丹尼尔·卡尼曼（Daniel Kahneman）因哪些贡献获得诺贝尔经济学奖？

2. 9.2 节中，损失厌恶行为对供应链的库存决策和供应商、零售商的利润产生什么影响？

3. 基于实验的行为博弈与经典博弈论的预测结果主要有哪些不同？

4. 举出一个现实中基于实验的行为博弈的例子。

第10章　合作博弈理论

博弈包含了“合作博弈”和“非合作博弈”两大块，这两类博弈之间有着密切的联系，但又存在着重大的区别。在解决矛盾和冲突的过程中，人们追求的目的常常是“合作”，达成合作的协议是解决问题的关键手段，合作博弈在分析此类问题方面有着独特的作用。

本章介绍合作博弈理论，主要包括四个部分。第一部分是合作博弈论概述，第二部分是核与Shapley值，第三部分是合作博弈的利益分配，第四部分是合作博弈实例分析。

10.1　合作博弈论概述

合作博弈是指博弈方能够联合达成一个具有约束力且可强制执行的协议的博弈类型。合作博弈强调效率、公正、公平，强调追求集体利益最大化的“集体理性”（Collective Rationality）。一般情况下，集体利益最大化本身不是博弈方的根本目标，人们在经济博弈中的行为准则是个体理性而不是集体理性。因此，如果我们允许博弈中存在“有约束力的协议”（Binding Agreement），使得博弈方采取符合集体利益最大化而不符合个体利益最大化原则的行为时，该博弈称为“合作博弈”（Cooperative Game）。合作博弈最重要的两个概念是联盟和分配。合作博弈存在的两个基本条件是：（1）对联盟来说，整体收益大于其每个成员单独经营时的收益之和。（2）对联盟内部而言，应存在具有帕累托改进性质的分配规则，即每个博弈方从联盟中分配到的收益不小于单独经营所得收益。

合作博弈的基本形式是联盟博弈，这种博弈隐含的假设是存在一个在参与者之间可以自由流动的交换媒介（如货币），每个参与者的效用与它是线性相关的，这种博弈被称为“单边支付博弈”或“可转移效用（Transferable Utility）博弈”。合作博弈的结果必须是一个帕累托改进，博弈双方的利益都有所增加，或者至少是一方的利益增加，而另一方的利益不受损害。合作博弈研究人们达成合作时如何分配合作得到的收益，即收益分配问题。合作博弈采取的是一种合作的方式，合作之所以能够增进双方的利益，就是因为合作博弈能够产生一种合作剩余。至于合作剩余在博弈各方之间如何分配，取决于博弈各方的力量对比和制度设计。因此，合作剩余的分配既是合作的结果，又是达成合作的条件。

合作博弈的核心问题是博弈方如何结盟以及如何重新分配结盟的收益。下面首先分析结盟的概念，与结盟相关联的就是特征函数。

在 n 人合作博弈中，由于允许博弈方事先可以相互交流信息，通过建立约束性的协议，保证联合博弈合理地分配所得的收益。所以博弈方之间可以形成各种联盟（Coalition），作为一个整体共同参与博弈，以期获得更高的总收益。形成联盟以后，具有约束力的协议使成员都齐心协力，以保证该联盟获得最大的收益。一旦博弈完毕，可以根据某种事先商定好的契约，把得到的收益再重新分配。

定义 10.1　联盟①

在 n 人博弈中，博弈方集合用 $N=\{1, 2, \cdots, n\}$ 表示，称 N 的任意子集 S 为一个联盟。空集 $\varnothing$ 和全集 N 也可以看成一个联盟，当然单点集 $\{i\}$ 也是一个联盟。

下面引入特征函数的概念。

定义 10.2　特征函数（Characteristic Function）②

给定一个 n 人博弈 $G=(N, v)$，$N=\{1, 2, \cdots, n\}$，对于任意联

① 李帮义，王玉燕编著．博弈论及其应用［M］．机械工业出版社，2010.

② Von Neumann J, Morgenstern O. Theory of Games and Economic Behaviour [M]. Princeton: Princeton University Press, 1944.

盟 $S\subseteq N$，称 $v(S)$ 为联盟 S 的特征函数，表示联盟 S 中所有参与者共同获得的收益。

规定 $v(\varnothing)=0$。根据定义，$v(\{i\})$ 表示博弈方 i 与其他全体博弈方博弈时的最大效用值，表示为 $v(i)$。用 (N, v) 表示博弈方集为 N、特征函数为 v 的合作博弈，其中 v 是定义在 2^N 上的实值映射。

例 10.1 一个三人博弈 $G=(N, v)$，其中 $N=\{1, 2, 3\}$，可写为：$v(\varnothing)=0$；$v(1)=0$；$v(2)=2$；$v(3)=1$；$v(12)=10$；$v(13)=12$；$v(23)=6$；$v(123)=30$。

在例 10.1 中，当博弈方加入联盟 N 时，所有博弈方的收益总和达到最大。

10.2 核与 Shapley 值

10.2.1 核（Core）

尽管可行分配集合 $E(v)$ 中有无限个分配，但实际上，有许多分配是不会被执行的，或者不可能被博弈方所接受。例如，在联盟 S 上分配方案 x 优于 y，则 y 就不会被 S 所接受。

我们假设 $E(v)=\{(x_1, x_2, x_3): x_1\geqslant 1, x_2\geqslant 1/4, x_3\geqslant -1; x_1+x_2+x_3=4\}$。显然 $y=(1, 1, 2)$，$x=(3/2, 3/2, 1)$ 是两个分配，但是对于联盟 $S=\{(1, 2)\}$，$v(S)=3$，S 是不会接受 y 的，因为从 y 到 x，S 中每个人收益都增加了，在 x 中，S 的合作剩余 $v(S)=3$ 又足以被分配。因此，y 就不会被 S 所接受。很显然，联盟的每一个成员都不偏好劣分配方案。因此，真实可行的分配方案中不包括劣分配方案。

下面定义 10.3 介绍核的概念。

定义 10.3 核

在一个 n 人合作博弈 (N, v) 中，全优分配方案形成的集合称为博弈的核，记为 $C(v)$。显然有 $C(v)\subseteq E(v)$。

注 10.1

(i) 核 $C(v)$ 是 $E(v)$ 中的一个闭凸集；

（ii）若 $C(v) \neq \varnothing$，则将 $C(v)$ 中的向量 x 作为一种分配，x 既满足个体理性原则，又满足集体理性原则；

（iii）用核作为博弈的解，其最大缺陷是 $C(v)$ 可能是空集。

如何寻找核集合？定理 10.1 是寻找核的基础。证明过程参见李帮义和王玉燕①。

定理 10.1　分配方案 $x=(x_1, \cdots, x_n)$ 在核 $C(v)$ 中的充要条件是：$\sum_{i \in S} x_i \geqslant v(S)$，$\forall S \subset N$；$\sum_{i=1}^{n} x_i = v(N)$。

10.2.2　核仁（Nucleolus）

把核作为博弈的解存在着一些困难，因为有许多博弈的核是空集。因此，有必要寻找其他类型解的概念。大卫・施梅德勒（David Schmeidler）于 1969 年提出了核仁的概念，并将其称为博弈的“解”②。

对于合作博弈 (N, v)，任选一个分配方案 $x=(x_1, \cdots, x_n) \in E(v)$。对于一个联盟 S，S 是否对分配 x 满意？为评估 S 对 x 的满意度，定义如下指标：

$$e(S,x)=v(S)-\sum_{i \in S} x_i \tag{10-1}$$

$e(S, x)$ 的大小反映了 S 对 x 满意度。$e(S, x)$ 越大，S 对 x 越不满意，因为 S 中所有博弈方的收益之和远没有达到其所创造的合作剩余 $v(S)$；$e(S, x)$ 越小，S 对 x 越满意，当 $e(S, x)$ 为负值时，S 中所有博弈方不仅分享了其所创造的合作剩余 $v(S)$，还分享了其他联盟所创造的价值。

对于同一个 x，S 共有 2^n 个，可以表示为 S_j，$j=1, 2, \cdots, 2^n$。故可以计算出 2^n 个 $e(S_j, x)$，$j=1, 2, \cdots, 2^n$。联盟对 x 的满意度取决于 $e(S_j, x)$ 中的最大值，$j=1, 2, \cdots, 2^n$，故可以对 2^n 个 $e(S_j, x)$

① 李帮义，王玉燕编著．博弈论及其应用［M］．机械工业出版社，2010.

② Schmeidler, D. The Nucleolus of a Characteristic Function Game［J］. SIAM Journal of Applied Mathematics, 1969, 17（6）：1163－1170.

由大到小排列，得到一个有 2^n 个元素的向量：

$$\theta(x)=(\theta_1(x),\theta_2(x),\cdots,\theta_{2n}(x)) \qquad (10-2)$$

其中 $\theta_j(x)=e(S_j,x)$，$j=1,2,\cdots,2^n$，$\theta_1(x)\geqslant\theta_2(x)\geqslant\cdots\geqslant\theta_{2n}(x)$。联盟 S 对 x 的满意度取决于 $\theta(x)$ 的大小，$\theta(x)$ 越小，联盟 S 对 x 越满意。

对于两个不同的分配 x，y，分别计算出 $\theta(x)$，$\theta(y)$。如果 $\theta(x)$是小的，则联盟对 x 的满意度大于联盟对 y 的满意度，自然 x 优于 y。当然这种向量大小的比较不同于数字的比较，是采用字典序的比较方法。字典序的比较方法如下：对于向量 $\theta(x)=(\theta_1(x),\theta_2(x),\cdots,\theta_{2n}(x))$ 和 $\theta(y)=(\theta_1(y),\theta_2(y),\cdots,\theta_{2n}(y))$，若存在一个下标 k，使得 $\theta_j(x)=\theta_j(y)$，$l\leqslant j\leqslant k-1$，$\theta_k(x)<\theta_k(y)$，则称 $\theta(x)$ 字典序小于 $\theta(y)$，用符号表示为 $\theta(x)<_L\theta(y)$。

定义 10.4 给出核仁的定义。

定义 10.4　核仁[①]

对于合作博弈 (N,v)，核仁 $\tilde{N}$ 是一些分配的集合，即 $\tilde{N}\subset E(v)$，使得任取一个 $x\in\tilde{N}$，$\theta(x)$ 都是字典序最小的，即 $\tilde{N}=\{x\in E(v):\forall y\in E(v),\ y\neq x,\ \theta(x)<_L\theta(y)\}$。

用核仁作为合作的解，与核相比有优势。核可能是空集，核也可能包含无穷多个元素。用核仁作为合作对策的解的优势体现在下述结论中。

定理 10.2　对于合作博弈 (N,v)，其核仁 $\tilde{N}\neq\varnothing$，且 $\tilde{N}$ 只包含一个元素 x。

定理 10.2 说明核仁有很好的性质，但是核仁的求解非常困难。定理 10.3 可以帮助我们求解核仁，证明过程见李帮义和王玉燕[②]。

定理 10.3　对于合作博弈 (N,v)，如果核心 $C\neq\varnothing$，则有 $\tilde{N}\subseteq C$。

---

① 李帮义，王玉燕编著．博弈论及其应用［M］．机械工业出版社，2010.

② 李帮义，王玉燕编著．博弈论及其应用［M］．机械工业出版社，2010.

有关定理 10.3 的应用见 Gow 和 Thomas[①]、Schaarsberg[②]。

10.2.3 Shapley 值

利益分配是合作博弈最重要的概念，但在一个博弈中，分配有无穷多种。本小节引入一个直观的解的概念，即 Shapley 值，博弈方按照 Shapley 值进行分配。

Shapley 值基于博弈方的贡献这一指标而设计分配。例如，对于博弈 (N, v)，$N=\{1, 2, \cdots, n\}$，很显然，我们按照博弈方的贡献，可以立即给出一个安排：

$$\begin{cases} x_1 = v(\{1\}) \\ x_2 = v(\{1,2\}) - v(\{1\}) \\ x_3 = v(\{1,2,3\}) - v(\{1,2\}) \\ \cdots \\ x_n = v(N) - v(N-\{n\}) \end{cases} \tag{10-3}$$

注意，这个分配安排是与 N 中博弈方的顺序有关系的，若 $N=\{2, 1, \cdots, n\}$，则分配安排就出现了差异，$x_2=v(\{2\})$，$x_1=v(\{1, 2\})-v(\{2\})$。N 中的排列顺序共有 $n!$ 种，消除了排列顺序影响后的分配安排就是 Shapley 值。

罗伊德·沙普利在 1953 年给出了 Shapley 值，计算公式如下[③]。

定理 10.4 对每个博弈 (N, v)，存在唯一的 Shapley 值 $\phi(v)=(\phi_1(v), \phi_2(v), \cdots, \phi_n(v))$，其中：

$$\phi_i(v) = \sum_{S \subset N/\{i\}} \frac{|S|!(n-|S|-1)!}{n!}(v(S \cup \{i\}) - v(S)) \tag{10-4}$$

---

① Gow S H, Thomas L C. Interchange Fees for Bank ATM Networks [J]. Naval Research Logistics, 1998, 45 (4): 407-417.

② Schaarsberg M G, Borm P, Hamers H, et al. Game Theoretic Analysis of Maximum Cooperative Purchasing Situations [J]. Naval Research Logistics, 2013, 60 (8): 607-624.

③ Shapley L S. A Value for N-person Games, In: Kuhn H W, Tucker A W Eds., Contributions to the Theory of Games II [M]. Princeton: Princeton University Press, 1953, 28: 307-317.

下面对这一计算公式给出非数学化的解释。

(i) $\phi(v)=(\phi_1(v), \phi_2(v), \cdots, \phi_n(v))$，$x_i=\phi_i(v)$，代表按照各博弈方的平均贡献来安排的分配设计。

(ii) 在一个博弈中，每个人的所得应该与其贡献成正比。对于联盟 S，其合作剩余是 $v(S)$。如 i 加入 S，则新联盟的合作剩余是 $v(S\cup\{i\})$。因此 i 的贡献是 $v(S\cup\{i\})-v(S)$。

(iii) 在博弈 (N, v) 中，不包含博弈方 i 的联盟 S 有 2^{n-1} 个，对每个 S 都有一个贡献值 $v(S\cup\{i\})-v(S)$，因此，Shapley 值的计算公式中有 $\sum$ 项。

(iv) 即使对于一个特定的 S，$v(S\cup\{i\})-v(S)$ 与 S 中博弈方的排列顺序无关，也与 $N-S-\{i\}$ 中博弈方的顺序无关。因此 $v(S\cup\{i\})-v(S)$ 的系数中存在 $|S|!(n-|S|-1)!$。系数中有 $n!$ 主要是为了计算 $v(S\cup\{i\})-v(S)$ 的平均值。

(v) 对 $\frac{|S|!(n-|S|-1)!}{n!}$ 也可以做出如下的解释。

博弈方 i 加入联盟 S，其贡献是 $v(S\cup\{i\})-v(S)$。博弈方 i 加入联盟 S 的概率是多少？如果 n 个博弈方依次参加博弈，当博弈方 i 加入该博弈时，其前面已有一些加入联盟 S，博弈方 i 加入后，后继的博弈方集合为 $N-S-\{i\}$。S 和 $N-S-\{i\}$ 中博弈方的顺序与 $v(S\cup\{i\})-v(S)$ 无关。i 加入 S 的概率是 $\frac{|S|!(n-|S|-1)!}{n!}$，$v(S\cup\{i\})-v(S)$ 的数学期望（或者平均值）就是 Shapley 值 $\phi_i(v)$，$i=1, 2, \cdots, n$。

(vi) Shapley 值不一定是分配，即理性约束 $\phi_i(v)\geqslant v(\{i\})$ 可能不满足。

10.3 合作博弈的利益分配

本节从合作博弈的视角出发，以农户合作行为为例，介绍合作博弈模型及其求解方法。

农户生产合作是一种趋势，目的是为了得到供应链剩余，而供应链剩余的合理分配又将进一步促进农户生产合作的紧密性。农户合作模型主要有以下三个假设①。

（i）假设有两个博弈方，农户 1 和农户 2，它们的农产品产量为 q_i，$i=1$，2，则两个农户提供农产品的总产量为 $Q=q_1+q_2$。

（ii）产品市场出清价格是总产量的减函数，即 $P=P(Q)=a-Q=a-(q_1+q_2)$。

（iii）第 i 个农户生产单位农产品的成本是 c_i，$i=1$，2，$C_i(q_i)$ 是成本函数。

问题：（i）写出两农户各自的利润；（ii）写出两农户各自的最优产量和最优利润；（iii）给出管理启示。

解：（i）记 $\pi_i(q_1, q_2)$ 为农户 i 的利润，$i=1$，2，则农户 i 的利润可以写为：

$$\pi_i(q_1,q_2)=(a-(q_1+q_2)-c_i)q_i,\ i=1,\ 2 \tag{10-5}$$

由（10-5）式可知，农户的收益 π_i 不仅取决于单位农产品的成本 c_i 和产量 q_i，还取决于其他农户的产量，故农户在决定自己的产量时，必然会考虑其他农户的策略。

（ii）记 $\partial\pi_i(q_1, q_2)/\partial q_i$ 为农户 i 的利润 $\pi_i(q_1, q_2)$ 对 q_i 的一阶偏导数，$i=1$，2，这里假设每个农户具有相同的单位生产成本，$c_1=c_2=c$，则（10-5）式两边分别对 q_1 和 q_2 求一阶偏导数得：

$$\partial\pi_1(q_1,q_2)/\partial q_1=a-(2q_1+q_2)-c \tag{10-6}$$

$$\partial\pi_2(q_1,q_2)/\partial q_2=a-(q_1+2q_2)-c \tag{10-7}$$

进而可得反应函数：

$$q_1(q_2)=(a-q_2-c)/2 \tag{10-8}$$

$$q_2(q_1)=(a-q_1-c)/2 \tag{10-9}$$

记 q_i^* 为农户 i 的最优产量，p_i^* 为农户 i 的最优销售价格，$i=1$，

① 罗兴武．农户合作行为、供应链剩余与合作剩余分配［J］．商业研究，2012（12）：173-178.

2，联立（10-8）式和（10-9）式，得农户1和农户2的最优产量：

$$q_1^* = q_2^* = (a-c)/3 \tag{10-10}$$

记 $\pi_i^* = \pi_i(q_1^*, q_2^*)$ 为农户 i 的最优利润，$i=1, 2$，将（10-10）式代入（10-5）式，得农户1和农户2的最优利润：

$$\pi_1^* = \pi_2^* = (a-c)^2/9 \tag{10-11}$$

依此类推，若有 n 个博弈方（农户），则每个农户的最优产量为：

$$q_1^* = q_2^* = \cdots = q_n^* = (a-c)/(n+1) \tag{10-12}$$

每个农户的最优利润为：

$$\begin{aligned}\pi_1(q_1^*, q_2^*, \cdots, q_n^*) &= \pi_2(q_1^*, q_2^*, \cdots, q_n^*) = \cdots \\ &= \pi_n(q_1^*, q_2^*, \cdots, q_n^*) = (a-c)^2/(n+1)^2\end{aligned} \tag{10-13}$$

以上是农户间进行竞争（选择不合作）情况下的结果。

（iii）若农户间选择了合作，假定市场容量 Q、农产品价格 P 都没有变化，农户选择合作相对选择不合作来说，单个农户所承担的成本 c_1 比选择竞争时的 c 要小，原因在于分散的单个农户面对变化莫测的市场时，选择合作能使交易信息相对对称，谈判成本以及履约成本降低。农户选择合作时每个农户的最优利润为：

$$\pi_1(q_1^*, q_2^*, \cdots, q_n^*) = \pi_2(q_1^*, q_2^*, \cdots, q_n^*) = \cdots = \pi_n(q_1^*, q_2^*, \cdots, q_n^*) = (a-c)^2/n^2 \tag{10-14}$$

显然农户选择合作时的收益要比农户选择竞争时的收益高，即 $(a-c)^2/n^2 > (a-c)^2/(n+1)^2$。因此，农户选择合作相对选择竞争会带来更高的利润。

农户合作行为中还存在着集体理性和个体理性冲突的问题。集体理性告诉我们农户合作有利于降低成本（包括经营成本、农业费用和农资成本等）的现金流量增量，增加农产品收入增量，增加供应链剩余；但从个体理性的角度，存在着机会主义威胁和"搭便车"行为，这会阻碍供应链剩余的增加，从而破坏农户的合作行为。因此，要使农户个体理性走向农户集体理性，须进行帕累托改进。措施主要有两种，一种是外部的政策扶持的“推手”，另一种则是内部的合理剩余分配机制的培育和建立。

下面用 Shapley 值法对农户合作问题中的供应链剩余进行分配。Shapley 值法不是搞平均主义，也不是按农户认购的比例来分配，而是更加强调农户在动态合作中对剩余产生的重要程度，以此作为基点来分配，使农产品供应链剩余分配更加公平，有利于调动农户的合作积极性。

当 n 个农户从事农业生产活动、每两个或更多的农户之间存在生产合作时，都会有供应链剩余产生，若合作农户之间并不具有利益排他性，当 n 个农户都参与合作时，剩余达到最大化，Shapley 值法关注如何最优分配这最大的剩余。它运用逻辑推理的方法得到唯一解，但须满足三个公理：对称性、可加性和有效性。

设农户合作集合 $N=\{1, 2, \cdots, n\}$，子集 S 为一个农户以上的任意组合，集合 N 中任一子集 S 所对应的实值函数为 $v(S)$。须满足：

$$S_1 \cap S_2 = \varnothing, v(\varnothing) = 0 \tag{10-15}$$

$$v(S_1 \cap S_2) \geqslant v(S_1) + v(S_2), (S_1 \subseteq N, S_2 \subseteq N) \tag{10-16}$$

通常，可设农户合作集体 N 中的单个农户 i 应从生产合作最大收益 $v(N)$ 中得到一份收益 x_i，$x=(x_1, x_2, \cdots, x_n)$ 为合作策略的一个分配，显然须满足：

$$\sum_{i=1}^{n} x_i = v(N), \text{且 } x_i \geqslant v(i), i = 1,2,\cdots,n \tag{10-17}$$

Shapley 值法中，每一个农户从生产合作收益中所得的收益分配为 Shapley 值，用 $\boldsymbol{\Phi}(v)$ 表示，并且 $\boldsymbol{\Phi}(v) = (\boldsymbol{\Phi}_1(v), \boldsymbol{\Phi}_2(v), \cdots, \boldsymbol{\Phi}_n(v))$，则形成如下分配：

$$x_i = \boldsymbol{\Phi}_i(v) = \sum_{i \in S \subset N} \frac{(|S|-1)!(n-|S|)!}{n!}(v(S) - v(S \setminus \{i\})), i = 1,2,\cdots,n \tag{10-18}$$

（10-18）式中，$|S|$ 为子集 S 中的元素个数，$(|S|-1)!(n-|S|)!/n!$ 相当于加权因子，$v(S\setminus\{i\})$ 表示在子集 S 中除去农户 i 将会产生的特征函数值。

下面用例 10.1 对采用 Shapley 值法优化农户生产合作中供应链剩余分配的合理性加以说明。

例 10.1 假设有 A、B、C 三家农户，A、B、C 农户若各自单干则年收益分别为 6 万元、6 万元、12 万元。若 A、B 农户合作，一共可得收益 24 万元；若 A、C 农户合作，一共可得收益 30 万元；若 B、C 农户合作，一共可得收益 36 万元；若 A、B、C 共同合作，总收益则可高达 60 万元。如何用 Shapley 值法进行分配？

解：将 A、B、C 三家农户的合作记为 $N=\{1,\ 2,\ 3\}$，则各自单干所获收益 $v\ (1)=v\ (2)=6$ 万元，$v\ (3)=12$ 万元，两农户之间合作的收益 $v\ (1\cup 2)=24$ 万元，$v\ (1\cup 3)=30$ 万元，$v\ (2\cup 3)=36$ 万元，三农户合作的收益 $v\ (1\cup 2\cup 3)=60$ 万元。农户 A 参加合作的所有情况形成的子集为 $S_1=\{1,\ 1\cup 2,\ 1\cup 3,\ 1\cup 2\cup 3\}$。我们采用 Shapley 值法首先计算农户 A 在供应链剩余中可得的收益 $\boldsymbol{\Phi}_1\ (v)$，计算过程见表 10.1。

表 10.1 农户 A 在供应链剩余中的收益 $\boldsymbol{\Phi}_1$ (v)

单位：万元

S_1	1	$1\cup 2$	$1\cup 3$	$1\cup 2\cup 3$
$v(S)$	6	24	30	60
$v(s\backslash\{i\})$	0	6	12	36
$v(S)-v(s\backslash\{i\})$	6	18	18	24
$\lvert S\rvert$	1	2	2	3
$W(\lvert S\rvert)$	1/3	1/6	1/6	1/3
$W(\lvert S\rvert)(v(S)-v(s\backslash\{i\}))$	2	3	3	8

将表格的最后一行相加，则可得农户 A 在供应链剩余中所得收益为 $\boldsymbol{\Phi}_1(v)=16$ 万元。同理可得农户 B 所得收益 $\boldsymbol{\Phi}_2(v)=19$ 万元，农户 C 所得收益 $\boldsymbol{\Phi}_3(v)=25$ 万元。

由此可知，Shapley 值法对剩余收益的分配优于平均分配，也优于按股分配。因为如果是平均分配，农户 A、B 的收益应相同，都是 15 万元，但现在农户 B 的收益 19 万元高于农户 A 的收益 16 万元；当然，这也不是简单地按股分配，农户 C 的收益只有 25 万元，而不是 30 万元。原因就在于，Shapley 值法充分考虑了经营过程中农户相对于合作组织的重要性，并以此作为依据进行分配。农户 A、B 合作收益为 24 万元，A 、C 合作为 30 万元，可知农户 C 比 B 重要；农户 A、C 合作收益为 30 万元，B、C 合作为 36 万元，可知农户 B 比 A 重要。因此，各农户相对合作组织的重要性排序是 C > B > A，所得收益分配 $\Phi_3(v) > \Phi_2(v) > \Phi_1(v)$。

另外不难验证，$\Phi_1(v) + \Phi_2(v) > 24$ 万元，$\Phi_1(v) + \Phi_3(v) > 30$ 万元，$\Phi_2(v) + \Phi_3(v) > 36$ 万元，从而可知三农户合作收益较两农户合作收益高，农户合作组织有越多的农户加入，从理论上来说，越有利于合作的稳定。

因此，采用 Shapley 值对按股分配的剩余分配方式进行帕累托改进具有科学性，也有可行性，既考虑了出资的多少（出资的比例也可视为对合作组织重要性的一个因素），也考虑了合作经营过程中个体农户对合作组织的贡献（由 $v(S) - v(S \setminus \{i\})$ 值可看出其贡献的大小）。基于此进行剩余分配，有利于克服平均主义和“搭便车”的机会主义，有利于调动农户参与生产和经营的主动性和积极性。现在一些经营效果好的专业合作社“二次返利”的做法，可以被视为 Shapley 值法在剩余分配中的应用。浙江省临海市洞林果蔬合作社、绍兴市欣浓果蔬专业合作社等合作社实现了股份经营，认购的股金分为发起人股金和社员股金，社员股金一般不超过发起人股金的 1/10；社员又根据其在合作生产经营中的贡献，分为紧密型社员和松散型社员，前者约占社员总数的一半。发起人、紧密型社员除了可按认购股金获得红利，还可得到合作社的二次返利，而松散型社员则没有二次返利。

10.4 合作博弈实例分析

现实生活中，一些理性人或组织为了实现自身的目标，会与他人联合起来共同进行投资，从而降低各自负担的成本，这就是费用分担问题。合作能否实现，费用分担的合理性至关重要。我们通过合作博弈理论分析费用分担问题，进一步阐述合作博弈广泛的适用范围和合作博弈研究的重要意义。

例 10.2[①] 如图 10－1，在某地区有一个自来水厂，用 O 表示，有三个村庄（v_1，v_2，v_3）需要连接到这个自来水厂。村庄与自来水厂之间、村庄与村庄之间的连接路线造价用数字表示。如何构建这个连接网络并分摊建设费用?

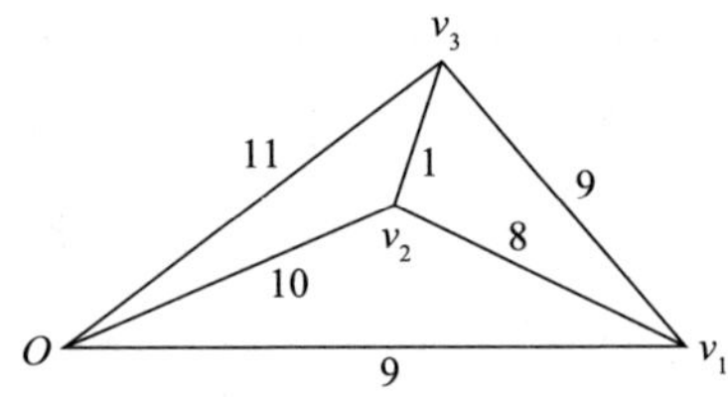

图 10－1　自来水厂网络构建

解：v_1、v_2、v_3 连接到自来水厂 O 的建设成本分别为：$C(v_1)=9$，$C(v_2)=10$，$C(v_3)=11$；将 v_1、v_2 连接到 O 的最小支撑树的建设成本（最小支撑树的长度）为 $C(v_1、v_2)=17$，同理，$C(v_1、v_3)=18$，$C(v_2、v_3)=11$；将 3 个村庄连接到 O 的最小支撑树的建设成本（最小支撑树的长度）为 $C(v_1、v_2、v_3)=18$。

将 v_1、v_2、v_3 分别承担的建设费用记为 x_1、x_2、x_3，则建设费用的分摊应该满足：

$$x=\left\{\begin{array}{l}0\leqslant x_1\leqslant 9,0\leqslant x_2\leqslant 10,0\leqslant x_3\leqslant 11\\(x_1,x_2,x_3):x_1+x_2\leqslant 17,x_1+x_3\leqslant 18,x_2+x_3\leqslant 11\\x_1+x_2+x_3=18\end{array}\right\}\quad(10-19)$$

有无穷多个向量满足（10－19）式，每个向量都可以作为一种建设费用的分配方案。核集合为：

$$C=\left\{\begin{array}{l}(x_1,x_2,x_3):x_1+x_2+x_3=18\\7\leqslant x_1\leqslant 9,0\leqslant x_2\leqslant 10,1\leqslant x_3\leqslant 11\end{array}\right\}\quad(10-20)$$

① 李帮义，王玉燕编著．博弈论及其应用［M］．机械工业出版社，2010.

核仁为：

$$v=(8,9/2,11/2) \tag{10-21}$$

Shapley 值为：

$$\phi=(23/3,14/3,17/3) \tag{10-22}$$

可见，我们可以通过合作博弈理论来解决费用分担问题。

习题

1. 合作博弈与非合作博弈的本质区别是什么？

2. 合作博弈论的核心是解决什么问题？

3. 合作博弈 (N, v) 的特征函数如下：$v(\{1\})=4$，$v(\{2\})=v(\{3\})=0$，$v(\{1, 2\})=5$，$v(\{1, 3\})=7$，$v(\{2, 3\})=6$，$v(\{1, 2, 3\})=10$，用 Shapley 值法解决收益分配问题。

Ⅲ

应用篇

第11章　绿色低碳供应链博弈分析

本章主要研究绿色低碳供应链博弈，首先介绍低碳供应链研究的背景和现状，其次从供应链集中系统和供应链分散系统两个方面介绍随机需求下绿色低碳供应链博弈模型，最后通过数值例子验证所得的结论。

11.1　低碳供应链研究综述

随着全球气候变暖趋势的进一步加剧，节能减排越来越受到国际社会的共同关注①。各国采取不同的措施，例如开征碳税、推广清洁能源、关停高耗能企业等减缓碳排放的增长。在政府加大减排力度的同时，消费者的低碳环保意识也逐步增强。目前，已有部分国家要求企业实行碳标签制度。我国于2013年发布了《低碳产品认证管理暂行办法》，低碳产品认证可以从消费端推动节能减排。因此，受政策引导和消费者低碳环保意识的影响，部分上游制造企业加入产品低碳化行动中。例如海尔、美的和格力等家电制造企业加大对节能减排技术的改造与升级，致力于节能产品的设计与研发。与此同时，下游零售企业加大对低碳产品的推广宣传力度，并与上游制造企业进行低碳化合作。例如，沃尔玛要求其制造商参与低碳化生产；护肤品和彩妆直销企业玫琳凯与制造商合作开发可降解生物材料，开展减少碳排放的行动等。

① 杨磊，张琴，张智勇．碳交易机制下供应链渠道选择与减排策略［J］．管理科学学报，2017，20（11）：75－87.

此外，网络购物逐渐成为消费市场的主流，促使制造商开辟网络销售渠道，以新的经营模式实施低碳战略。

针对当前全球气候变化的问题，如何有效控制碳排放、促进企业和地区可持续发展，已成为企业管理者、政府管理部门和学术界共同关注的焦点问题。现有关于碳减排的研究主要集中在初始碳排放权配置、碳税的合理设置及市场交易机制建立等宏观层面。杜少甫等[①]通过设置相关参数将碳排放权引入生产优化决策模型中，并从微观层面对受碳排放权约束的企业生产问题进行研究。李友东等[②]研究了由碳排放依赖型产品制造商和碳排放权供应商组成的排放依赖型供应链系统，该系统不仅受生产碳排放的限制和政府碳排放规则的管制，还要充分考虑供应商对碳排放权价格的影响。

近年来，低碳供应链的发展逐渐被人们所关注，Linton 等[③]和 Benjaafar 等[④]对低碳供应链的研究，为供应链的低碳化管理奠定了部分理论基础。尹政平和张欣[⑤]对已有的低碳供应链研究进行了综述，并从不同维度对低碳供应链的内涵、特点与结构，以及主要研究内容与相关理论模型进行了分析。唐金环和戢守峰[⑥]指出了已有的通过建立定量模型来研究低碳供应链的方法的不足。

在对当前供应链管理研究现状进行综述的基础上，陈剑[⑦]对引入碳交易市场的供应链管理与优化、低碳供应链上不同参与主体的博弈等

① 杜少甫，董骏峰，梁樑等. 考虑排放许可与交易的生产优化［J］. 中国管理科学，2009，17（3）：81－86.

② 李友东，谢鑫鹏，王锋正等. 考虑碳配额和交易的排放依赖型供应链低碳化运营决策［J］. 控制与决策，2020，35（9）：2236－2244.

③ Linton J，Klassen R，Jayaraman V. Sustainable Supply Chains：An Introduction［J］. Journal of Operations Management，2007. 25（6）：1075－1082.

④ Benjaafar S，Li Y，Daskin M. Carbon Footprint and the Management of Supply Chains：Insights From Simple Models［R］，in IEEE Transactions on Automation Science and Engineering，2013，10（1）：99－116.

⑤ 尹政平，张欣. 开放经济背景下低碳供应链研究述评［J］. 经济问题探索，2014，（9）：154－159.

⑥ 唐金环，戢守峰. 基于定量模型的低碳供应链运营管理研究综述［J］. 工业技术经济，2014，249（7）：153－160.

⑦ 陈剑. 低碳供应链管理研究［J］. 系统管理学报，2012，21（6）：721－729.

低碳供应链管理中的几个重点问题进行了研究。针对由一个制造商、两个零售商与两个制造商、一个零售商组成的供应链，熊中楷等[1]对碳税的征收和消费者低碳意识对制造商碳排放以及制造商、零售商的利润影响进行了探讨。基于博弈论视角，骆瑞玲等[2]在分析了碳市场需求变化对碳排放权交易价格及消费者行为影响的基础上，建立了零售商和制造商的两阶段博弈模型，并分别就集中决策、分散决策和渠道协同决策情形下，减排成本系数、消费者碳足迹敏感系数和碳排放上限如何影响各参与主体最优决策及碳减排进行了探讨。

在减排策略方面，Wang 等[3]对供应链的减排策略进行了研究。在产品定价策略及利润方面，Zu 等[4]在不同情形下分析了消费者环保意识对利润及决策的影响。Li 等[5]研究了收益共享契约与成本分摊契约对减排努力和企业盈利能力的影响。在供应链协调方面，Liu 和 Yi[6] 探讨了需求受产品绿色度影响的情况下，制造商与零售商之间的协调合作机制。Zhang 等[7]、Basiri 和 Heydari[8] 分析了消费者环境意识和产品绿色度对供应链协调的影响。

---

① 熊中楷，张盼，郭年．供应链中碳税和消费者环保意识对碳排放影响［J］．系统工程理论与实践，2014，34（9）：2245－2252.

② 骆瑞玲，范体军，夏海燕．碳排放交易政策下供应链碳减排技术投资的博弈分析［J］．中国管理科学，2014，22（11）：44－53.

③ Wang M, Zhao L, Herty M. Joint Replenishment and Carbon Trading in Fresh Food Supply Chains [J]. European Journal of Operational Research, 2019, 277 (2): 561－573.

④ Zu Y, Chen L, Fan Y. Research on Low－Carbon Strategies in Supply Chain with Environmental Regulations Based on Differential Game [J]. Journal of Cleaner Production, 2018, 177: 527－546.

⑤ Li T, Zhang R, Zhao S, et al. Low Carbon Strategy Analysis Under Revenue-Sharing and Cost－Sharing Contracts [J]. Journal of Cleaner Production, 2019, 212: 1462－1477.

⑥ Liu P, Yi S. Pricing Policies of Green Supply Chain Considering Targeted Advertising and Product Green Degree in the Big Data Environment [J]. Journal of Cleaner Production, 2017, 164: 1614－1622.

⑦ Zhang L, Wang J, You J. Consumer Environmental Awareness and Channel Coordination with Two Substitutable Products [J]. European Journal of Operational Research, 2015, 241 (1): 63－73.

⑧ Basiri Z, Heydari J. A Mathematical Model for Green Supply Chain Coordination with Substitutable Products [J]. Journal of Cleaner Production, 2017, 145: 232－249.

11.2 随机需求下绿色低碳供应链博弈模型

本节分析由公平中性零售商和公平中性制造商组成的二级供应链博弈问题，主要运用子博弈精炼纳什均衡理论、逆推归纳法、最优化方法等。本节构建了供应链集中系统和动态分散系统博弈模型，并给出其均衡解和最优利润的解析式。

11.2.1 供应链集中系统

考虑单周期单类产品的库存系统，系统在周期开始前没有库存。假设面对随机的市场需求，一个具有碳减排努力的供应链集成商，可以通过做出碳减排努力来提升市场需求量。碳减排努力水平记为 τ，$\tau \geqslant 0$。由此给出市场需求 $D(\tau)$ 的具体形式，$D(\tau)$ 是碳减排的努力水平 τ 和随机因素 ε 的函数，记为：

$$D(\tau) = d(\tau) + \alpha\varepsilon \tag{11-1}$$

其中 $d(\tau)$ 是 τ 的递增函数，ε 是服从一般概率分布且均值为0的随机变量，其累积分布函数和概率密度函数分别记为 $F(\cdot)$ 和 $f(\cdot)$，其定义区间为 $[\underline{\ell}, \overline{\ell}]$，$0 \leqslant \underline{\ell} < \overline{\ell}$。

供应链集成商进行碳减排努力所需成本记为 $\phi(\tau)$，是 τ 的严格递增凸函数，即 $\phi'(\tau) > 0$，$\phi''(\tau) > 0$。面对（11-1）式中的市场需求，当销售周期开始时，供应链集成商以单价 c 订购产品，订货量记为 q，不考虑固定订货成本。假设产品在订单下达之后可立即得到，即配送提前期为0。当订货量 q 大于市场需求时，多余的产品以单价 v 进行处理；当订货量 q 小于市场需求时，多余的需求将损失掉，且不考虑缺货损失，单位产品市场零售价格为 p，$p > c > v$。

供应链集中系统的目标是决定产品的订货量 q 和碳减排努力水平 τ，使其期望利润达到最大，即：

$$\max_{q \geqslant 0, \tau \geqslant 0} \pi_c(q, \tau) = \mathrm{E}[\Pi_c(q, \tau)] \tag{11-2}$$

其中：

$$\Pi_c(q,\tau)=p\min(q,D(\tau))+v(q-D(\tau))^+-cq-\phi(\tau) \tag{11-3}$$

注 11.1　特别地，当 $d'(\tau)=0$ 且 $\alpha=0$ 时，(11-2) 式是确定需求下不考虑碳减排努力的供应链集中系统模型；当 $d'(\tau)>0$ 且 $\alpha=0$ 时，(11-2) 式是确定需求下考虑碳减排努力的供应链集中系统模型。

(11-2) 式可重写为：

$$\pi_c(q,\tau)=(p-c)q-\alpha(p-v)\int_{\underline{\ell}}^{A(q,\tau)}F(x)\mathrm{d}x-\phi(\tau) \tag{11-4}$$

其中：

$$A(q,\tau)=\frac{q-d(\tau)}{\alpha} \tag{11-5}$$

性质 11.1 给出在供应链集中系统中，碳减排努力水平 τ 和订货量 q 联合决策下的最优解 (q^*,τ^*)，并给出供应链集中系统的最优利润 $\pi_c(q^*,\tau^*)$。

性质 11.1　考虑供应链集中系统的 (11-2) 式，ε 的累积分布函数 $F(\cdot)$ 严格单调递增，ε 的逆分布函数记为 $F^{-1}(\cdot)$，则：

(i) 若 $d''(\tau)\leqslant 0$ 和 $\phi''(\tau)>0$ 对任意的 $\tau\geqslant 0$ 都成立，则供应链集中系统的期望利润 $\pi_c(q,\tau)$ 是 (q,τ) 的联合凹函数；

(ii) 供应链集中系统的最优解 (q^*,τ^*) 存在且满足以下等式：

$$q^*=\alpha F^{-1}(\rho)+d(\tau^*) \tag{11-6}$$

$$(p-c)d'(\tau^*)-\phi'(\tau^*)=0 \tag{11-7}$$

这里 $\rho=(p-c)/(p-v)$。

(iii) 供应链集中系统的最优利润 $\pi_c(q^*,\tau^*)$ 为：

$$\pi_c(q^*,\tau^*)=\alpha(p-v)GL(\rho)+(p-c)d(\tau^*)-\phi(\tau^*) \tag{11-8}$$

其中：

$$GL(\rho)=\int_{\underline{\ell}}^{F^{-1}(\rho)}(\rho-F(x))\mathrm{d}x+\rho\underline{\ell},\rho\in[0,1] \tag{11-9}$$

证明：(i) (11-4) 式两边同时对 q 求一阶、二阶导数得：

$$\frac{\partial \pi_c(q,\tau)}{\partial q}=p-c-(p-v)F(A(q,\tau)) \tag{11-10}$$

$$\frac{\partial^2 \pi_c(q,\tau)}{\partial q^2}=-\frac{p-v}{\alpha}f(A(q,\tau))<0 \tag{11-11}$$

（11－4）式两边同时对 τ 求一阶、二阶导数得

$$\frac{\partial \pi_c(q,\tau)}{\partial \tau}=(p-v)d'(\tau)F(A(q,\tau))-\phi'(\tau) \tag{11-12}$$

$$\frac{\partial^2 \pi_c(q,\tau)}{\partial \tau^2}=(p-v)d''(\tau)F(A(q,\tau))-(p-v)f(A(q,\tau))\frac{(d'(\tau))^2}{\alpha}-\phi''(\tau) \tag{11-13}$$

（11－4）式两边同时对 q、τ 求二阶混合偏导数得：

$$\frac{\partial^2 \pi_c(q,\tau)}{\partial q \partial \tau}=\frac{p-v}{\alpha}d'(\tau)f(A(q,\tau)) \tag{11-14}$$

由此得 Hessian 矩阵为：

$$H=\begin{bmatrix} -\frac{p-v}{\alpha}f(A(q,\tau)) & \frac{p-v}{\alpha}d'(\tau)f(A(q,\tau)) \\ \frac{p-v}{\alpha}d'(\tau)f(A(q,\tau)) & (p-v)d''(\tau)F(A(q,\tau))-(p-v)\frac{[d'(\tau)]^2}{\alpha}f(A(q,\tau))-\phi''(\tau) \end{bmatrix} \tag{11-15}$$

$$|H_2|=\frac{(p-v)}{\alpha}f(A(q,\tau))(\phi''(\tau)-(p-v)d''(\tau)F(A(q,\tau))) \tag{11-16}$$

当 $d''(\tau)\leqslant 0$ 且 $\phi''(\tau)>0$ 对任意的 $\tau\geqslant 0$ 都成立时，$|H_2|>0$，此时 Hessian 矩阵负定，则供应链集中系统的期望利润 $\pi_c(q,\tau)$ 是（q，τ）的联合凹函数，联合决策下最优解（q^*，τ^*）存在，性质 11.1（i）得证。

（ii）令（11－10）式和（11－12）式中的 $\frac{\partial \pi_c(q,\tau)}{\partial q}=0$，$\frac{\partial \pi_c(q,\tau)}{\partial \tau}=0$，进行联立求解，即可得到最优解（$q^*$，$\tau^*$），性质 11.1（ii）得证。

（iii）将（11－6）式和（11－7）式中的（q^*，τ^*）代入到（11－4）式中可得到供应链集中系统的最优利润 $\pi_c(q^*, \tau^*)$，性质 11.1（iii）得证。

11.2.2　供应链分散系统

考虑由单个公平中性制造商和单个公平中性零售商组成的二级供应链系统。制造商和零售商进行斯塔克尔伯格分散决策，即在第一阶段，制造商处于领导者地位，首先决定批发价 w 和碳减排努力水平 τ，$w>c$，$\tau\geqslant 0$；第二阶段，零售商是跟随者，根据制造商决策的批发价 w，决定向制造商购买产品的订货量 q。当零售商的订货量 q 大于市场需求时，多余的产品以单价 v 进行处理；当零售商的订货量 q 小于市场需求时，多余的需求损失掉且不考虑缺货惩罚成本。市场需求 $D(\tau)$ 由（11－1）式给出。假定产品在订单下达后可以立即得到，不考虑固定订货成本，制造商生产单位产品的成本为 c，单位产品的零售价格为 p，$p>w>c>v$。制造商进行碳减排努力的成本记为 $\phi(\tau)$，是 τ 的严格递增凸函数，即 $\phi'(\tau)>0$，$\phi''(\tau)>0$。

第一阶段，公平中性制造商决定批发价 w 和碳减排努力水平 τ，使其利润达到最大，即：

$$\max_{\tau\geqslant 0, w>c} \pi_m(q,w,\tau) = (w-c)q - \phi(\tau) \tag{11-17}$$

第二阶段，根据制造商给定的批发价 w，公平中性零售商决定其向制造商订购产品的数量 q，使其期望利润达到最大，即：

$$\max_{q\geqslant 0} \pi_r(q,\tau) = E[\Pi_r(q,\tau)] \tag{11-18}$$

其中：

$$\Pi_r(q,\tau) = p\min(q,D(\tau)) + v(q-D(\tau))^+ - wq \tag{11-19}$$

（11－18）式可重写为：

$$\pi_r(q,\tau) = (p-w)q - \alpha(p-v)\int_{\underline{\ell}}^{A(q,\tau)} F(x)\,\mathrm{d}x \tag{11-20}$$

其中，$A(q, \tau)$ 由（11－5）式给出。

首先求解第二阶段的问题。性质 11.2 给出第二阶段零售商的最优订货量 q_r^* 及相关性质。

性质 11.2 考虑刻画公平中性零售商的（11－18）式，ε 的累积分布函数 F（·）严格单调递增，则：

（i）零售商的最优订货量 q_r^* 由下式给出：

$$p-w-(p-v)F\left(\frac{q_r^*-d(\tau)}{\alpha}\right)=0 \tag{11－21}$$

（ii）由（11－21）式导出批发价 w（q），由下式给出：

$$p-w(q)-(p-v)F\left(\frac{q_r^*-d(\tau)}{\alpha}\right)=0 \tag{11－22}$$

证明：（i）（11－20）式两边同时对 q 求一阶、二阶导数得：

$$\frac{\partial\pi_r(q,\tau)}{\partial q}=p-w-(p-v)F(A(q,\ \tau)) \tag{11－23}$$

$$\frac{\partial^2\pi_r(q,\tau)}{\partial q^2}=-\frac{p-v}{\alpha}f(A(q,\tau))<0 \tag{11－24}$$

因此，$\pi_r(q,\ \tau)$ 是 q 的严格凹函数，则零售商的最优订货量 q_r^* 存在且唯一，令（11－23）式中的$\frac{\partial\pi_r(q,\ \tau)}{\partial q}=0$，即可得到零售商的最优订货量 q_r^*，性质 11.2（i）得证。

（ii）由（11－21）式可直接得到（11－22）式，性质 11.2（ii）得证。

再解第一阶段的问题。将（11－22）式中的 $w(q)$ 代入（11－17）式得 $\pi_m(q,\ w\ (q),\ \tau)=(w(q)-c)\ q-\phi\ (\tau)$，制造商的目标是决定订货量 q 和碳减排努力水平 τ，使其利润达到最大，即：

$$\max_{\tau\geqslant 0,q\geqslant 0}\pi_m(q,\ w(q),\tau)=(w(q)-c)q-\phi(\tau) \tag{11－25}$$

（11－25）式可重写为：

$$\pi_m(q,\tau)=(p-c-(p-v)F(A(q,\ \tau)))q-\phi(\tau) \tag{11－26}$$

性质 11.3 给出第一阶段制造商对订货量 q 和碳减排努力水平 τ 联合

决策下的最优解（q_m^*，τ_m^*），并给出制造商的最优利润 π_m（q_m^*，τ_m^*）。

性质 11.3　考虑单个公平中性制造商和单个公平中性零售商组成的供应链系统，市场需求 D（τ）由（11－1）式给出，制造商期望利润由（11－26）式给出。

（i）如果 ε 有 IFR 分布，则对任意的 $\tau\geqslant 0$，制造商的期望利润 $\pi_m(q,\tau)$ 是 q 的单峰函数。

（ii）在满足（i）的条件下，如果 $d''(\tau)\leqslant 0$ 和（11－27）式对任意的 $\tau\geqslant 0$ 都成立，则制造商的期望利润 $\pi_m(q,\tau)$ 是（q，τ）的联合凹函数：

$$\min\left(2+\left(\underline{\ell}+\frac{d(\tau)}{\alpha}\right)\frac{f'(\bar{\ell})}{f(\bar{\ell})},2+\left(\bar{\ell}+\frac{d(\tau)}{\alpha}\right)\frac{f'(\bar{\ell})}{f(\bar{\ell})}\right)\geqslant\frac{(d'(\tau))^2}{\alpha(-d''(\tau))\left(\underline{\ell}+\frac{d(\tau)}{\alpha}\right)} \tag{11-27}$$

（iii）满足（ii）的条件下，制造商的最优订货量 q_m^* 和碳减排努力水平 τ_m^* 构成的最优解（q_m^*，τ_m^*）存在且满足以下等式：

$$p-c-(p-v)F\left(\frac{q_m^*-d(\tau_m^*)}{\alpha}\right)-\frac{\phi'(\tau_m^*)}{d'(\tau_m^*)}=0 \tag{11-28}$$

$$\frac{(p-v)q_m^*d'(\tau_m^*)}{\alpha}f\left(\frac{q_m^*-d(\tau_m^*)}{\alpha}\right)-\phi'(\tau_m^*)=0 \tag{11-29}$$

（iv）记 $w_m^*=w$（q_m^*），则制造商的最优利润 $\pi_m(q_m^*,\tau_m^*)$ 为：

$$\pi_m(q_m^*,\tau_m^*)=(w_m^*-c)q_m^*-\phi(\tau_m^*) \tag{11-30}$$

证明：（i）（11－26）式两边同时对 q 求一阶、二阶导数得：

$$\frac{\partial\pi_m(q,\tau)}{\partial q}=p-c-(p-v)F(A(q,\tau))-\frac{p-v}{\alpha}f(A(q,\tau))q \tag{11-31}$$

$$\frac{\partial^2\pi_m(q,\tau)}{\partial q^2}=-\frac{p-v}{\alpha}\left(\frac{q}{\alpha}f'(A(q,\tau))+2\alpha f(A(q,\tau))\right) \tag{11-32}$$

（11－31）式可重写为：

$$\frac{\partial\pi_m(q,\tau)}{\partial q}=-(c-v)+(p-v)(1-F(A(q,\tau)))\left(1-g(A(q,\tau))-\frac{d(\tau)}{\alpha}h(A(q,\tau))\right) \tag{11-33}$$

这里 $h(x)=f(x)/(1-F(x))$，$g(x)=xh(x)$。

如果 ε 有 IFR 分布，则对任意的 $\tau\geqslant 0$，$\frac{\partial\pi_m(q,\tau)}{\partial q}$ 关于 q 单调递减，并且存在最优订货量 q_m^* 使 $\frac{\partial\pi_m(q,\tau)}{\partial q}=0$，根据 8.1 节单峰函数的定义 8.5 可判断，对任意的 $\tau\geqslant 0$，制造商的期望利润 $\pi_m(q,\tau)$ 是 q 的单峰函数，性质 11.3（i）得证。

（ii）（11－26）式两边同时对 τ 求一阶、二阶导数得：

$$\frac{\partial\pi_m(q,\tau)}{\partial\tau}=\frac{(p-v)d'(\tau)q}{\alpha}f(A(q,\tau))-\phi'(\tau) \tag{11-34}$$

$$\frac{\partial^2\pi_m(q,\tau)}{\partial\tau^2}=-\left(\frac{(p-v)q}{\alpha}\left(\frac{(d'(\tau))^2}{\alpha}f'(A(q,\tau))-d''(\tau)f(A(q,\tau))\right)+\phi''(\tau)\right) \tag{11-35}$$

（11－26）式两边同时对 q、τ 求二阶混合偏导数得：

$$\frac{\partial^2\pi_c(q,\tau)}{\partial q\partial\tau}=\frac{p-v}{\alpha}d'(\tau)\left[\frac{q}{\alpha}f'(A(q,\tau))+f(A(q,\tau))\right] \tag{11-36}$$

由此得 Hessian 矩阵为：

$$H=\begin{bmatrix} -\frac{p-v}{\alpha}\left(\frac{q}{\alpha}f'(A(q,\tau))+2\alpha f(A(q,\tau))\right) & \frac{p-v}{\alpha}d'(\tau)\left(\frac{q}{\alpha}f'(A(q,\tau))+f(A(q,\tau))\right) \\ \frac{p-v}{\alpha}d'(\tau)\left(\frac{q}{\alpha}f'(A(q,\tau))+f(A(q,\tau))\right) & -\left(\frac{(p-v)q}{\alpha}\left(\frac{(d'(\tau))^2}{\alpha}f'(A(q,\tau))-d''(\tau)f(A(q,\tau))\right)+\phi''(\tau)\right) \end{bmatrix} \tag{11-37}$$

在满足性质 11.3（i）的条件下，可得 $|H_1|<0$。

$$\begin{aligned}|H_2|=&\frac{(p-v)\varphi''(\tau)}{\alpha}\left(2f(A(q,\tau))+f'(A(q,\tau))(A(q,\tau)+\frac{d(\tau)}{\alpha})\right)+\\ &\frac{(p-v)^2}{\alpha}f^2(A(q,\tau))\left(-d''(\tau)(A(q,\tau)+\frac{d(\tau)}{\alpha})\right.\\ &\left.(2+(A(q,\tau)+\frac{d(\tau)}{\alpha})\frac{f'(A(q,\tau))}{f(A(q,\tau))})-\frac{(d'(\tau))^2}{\alpha}\right)\end{aligned} \tag{11-38}$$

如果 $d''(\tau)\leqslant 0$ 和（11－27）式对任意的 $\tau\geqslant 0$ 都成立，$|H_2|>0$，此时 Hessian 矩阵负定，则制造商的期望利润 $\pi_m(q,\tau)$ 是 (q,τ) 的

联合凹函数，联合决策下最优解（q_m^*，τ_m^*）存在，性质 11.3（ii）得证。

（iii）令（11－31）式中$\frac{\partial \pi_m(q, \tau)}{\partial q}=0$，（11－34）式中$\frac{\partial \pi_m(q, \tau)}{\partial \tau}=0$，两式进行联立求解，即可得到制造商的最优解（$q_m^*$，$\tau_m^*$），性质 11.3（iii）得证。

（iv）将（11－28）和（11－29）式中的最优解（q_m^*，τ_m^*）代入到（11－26）式中即可得到制造商的最优利润 $\pi_m(q_m^*, \tau_m^*)$，性质 11.3（iv）得证。

注 11.2　制造商为了获得最大收益，需要考虑自身及零售商的最优策略，因此任何一方都不会单方面偏离最优策略，故所求的最优值（q_m^*，τ_m^*）是斯塔克尔伯格模型唯一的纳什均衡解。

11.3　数值例子

本节将具体给出两个数值算例，验证获得的结果，并进行进一步探究。例 11.1 探究需求是均匀分布情况下，α 取不同值对供应链成员绩效的影响。例 11.2 探究需求是 Power 分布情况下，α 取不同值对供应链成员绩效的影响。

例 11.1　假设 $p=10$，$c=6$，$v=5$。进行碳减排努力的成本函数 $\phi(\tau)=k\tau^2/2$。随机因子 ε 是均值为 0 的均匀随机变量，表示为 $\varepsilon \sim$ Uniform（－1，1），其累积分布函数和概率密度函数分别记为 $F(x)=(x+1)/2$，$f(x)=1/2$，$x\in[-1, 1]$。需求函数为 $d(\tau)=a+\eta\tau$。

假设 $k=0.2$，$\eta=0.1$，$a=1$，表 11.1 给出均匀分布下 α 取不同值对供应链集中系统的影响。

表 11.1　均匀分布下 α 取不同值时供应链集中系统的最优决策和最优期望利润

α	q^*	τ^*	$\pi_c(q^*, \tau^*)$
0.60	1.5600	2.0000	3.9200

续表

α	q^*	τ^*	$\pi_c(q^*, \tau^*)$
0.70	1.6200	2.0000	3.8400
0.80	1.6800	2.0000	3.7600
0.90	1.7400	2.0000	3.6800
1.00	1.8000	2.0000	3.6000

注 11.3 由表 11.1 可见，α 用来刻画需求的可变性，随着 α 不断增大，需求的可变性逐渐增大，供应链集中系统的最优期望利润在逐渐降低，最优订货量随着 α 的增大而增大。α 的变化对系统最优碳减排努力水平没有影响。

假设 $k=0.2$，$\eta=0.1$，$a=1$，表 11.2 给出均匀分布下 α 取不同值对供应链动态分散系统的影响。

表 11.2 均匀分布下 α 取不同值时供应链分散系统的最优决策和最优期望利润

α	q_m^*	τ_m^*	$\pi_r(q_m^*, \tau_m^*)$	$\pi_m(q_m^*, \tau_m^*)$
0.60	0.7591	1.5814	0.5514	2.1507
0.70	0.7796	1.3922	0.7409	1.9769
0.80	0.8027	1.2542	0.8413	1.8563
0.90	0.8275	1.1493	0.8868	1.7699
1.00	0.8533	1.0667	0.8960	1.7067

注 11.4 由表 11.2 可见，α 用来刻画需求的可变性，随着 α 不断增大，需求的可变性逐渐增大，供应链分散系统中零售商的最优利润随着 α 的增大而增大，制造商的最优利润随着 α 的增大而减小，但制造商的最优利润远远大于零售商的最优利润。最优订货量随着 α 的增大而增大，这与供应链集中系统的最优订货量的变化趋势相同，最优碳减排努力水平随着 α 的增大而减小。

例 11.2 假设 $p=10$，$c=6$，$v=5$。进行碳减排努力的成本函数 $\phi(\tau)=k\tau^2/2$。随机因子 ε 是均值为 0 的随机变量，其累积分布函数和概率密度函数分别记为 $F(x)=((x+1)/2)^m$，$f(x)=m((x+1)/$

$2)^{(m-1)}/2$，$x\in[-1, 1]$，$m\geqslant 1$，这里取 $m=2$。需求函数为 $d(\tau)=a+\eta\tau$。

假设 $k=0.2$，$\eta=0.1$，$a=1$，表 11.3 给出 Power 分布下 α 取不同值对供应链集中系统的影响。

表 11.3　Power 分布下 α 取不同值时供应链集中系统的最优决策和最优期望利润

α	q^*	τ^*	$\pi_c(q^*, \tau^*)$
0.60	1.3589	2.0000	4.0239
0.70	1.3854	2.0000	3.9612
0.80	1.4119	2.0000	3.8985
0.90	1.4384	2.0000	3.8358
1.00	1.4649	2.0000	3.7731

注 11.5　由表 11.3 可见，α 用来刻画需求的可变性，随着 α 不断增大，需求的可变性逐渐增大，供应链集中系统的最优利润逐渐降低，最优订货量随着 α 的增大而增大，α 的变化对系统最优碳减排努力没有影响。

假设 $k=0.2$，$\eta=0.1$，$a=1$，表 11.4 给出 Power 分布下 α 取不同值对供应链分散系统的影响。

表 11.4　Power 分布下 α 取不同值时供应链分散系统的最优决策和最优期望利润

α	q_m^*	τ_m^*	$\pi_r(q_m^*, \tau_m^*)$	$\pi_m(q_m^*, \tau_m^*)$
0.60	0.7591	1.5814	0.5514	2.1507
0.70	0.7796	1.3922	0.7409	1.9769
0.80	0.8027	1.2542	0.8413	1.8563
0.90	0.8275	1.1493	0.8868	1.7699
1.00	0.8533	1.0667	0.8960	1.7067

注 11.6　由表 11.4 可见，α 用来刻画需求的可变性，随着 α 不断增大，需求的可变性逐渐增大，供应链分散系统中零售商的最优利润

随着 α 的增大而增大，制造商的最优利润随着 α 的增大而减小，但制造商的最优利润远远大于零售商的最优利润。最优订货量随着 α 的增大而增大，这与供应链集中系统的最优订货量的变化趋势相同，最优碳减排努力水平随着 α 的增大而减小。

习题

1. 怎样刻画带有碳减排努力水平的随机市场需求？

2. 给定需求函数（11－1）式，供应链集中系统下各参与方的利润如何刻画？

3. 给定需求函数（11－1）式，动态批发价契约下零售商和制造商的利润分别如何刻画？

4. 根据 11.2 节中供应链分散系统的结果，求解最优订货量和最优碳减排努力水平关于市场需求可变性 α 的单调性。

5. 根据 11.2 节中供应链分散系统的优化结果，你能得到什么管理启示？

附　录

附录Ⅰ　汽车供应链低碳转型合作案例分析

案例1　北汽集团与梅赛德斯－奔驰集团低碳转型合作案例

1. 北汽集团与梅赛德斯－奔驰集团简介

北京汽车集团有限公司（简称“北汽集团”）是中国汽车行业的骨干企业，成立于1958年，总部位于北京。北汽集团现已发展成为涵盖整车及零部件研发与制造、汽车服务贸易、综合出行服务、金融与投资等业务的国有大型汽车企业集团，列2022年《财富》世界500强第162位。[①] 北汽集团旗下拥有北汽股份、北汽越野车、昌河汽车、北汽新能源、北汽福田、北京现代、北京奔驰等知名企业与研发机构。以北京为中心，北汽集团建立了分布于全国十余省市的自主品牌乘用车整车基地、自主品牌商用车整车基地、新能源整车基地、合资品牌乘用车基地等。

梅赛德斯－奔驰集团（Mercedes-Benz Group）股份公司（简称“梅赛德斯－奔驰”），总部位于德国斯图加特，是全球最大的商用车制造商，全球第一大豪华车生产商、第二大卡车生产商，2022年2月由原戴姆勒股份公司（Daimler AG）更名为梅赛德斯－奔驰集团股份公司。公司包括梅赛德斯－奔驰汽车、梅赛德斯－奔驰轻型商用车、戴

① 北汽集团官网，https://www.baicgroup.com.cn/.

姆勒载重车和戴姆勒金融服务等四大业务单元。[①] 2022 年 8 月 3 日，《财富》杂志在其官网全球同步发布 2022 年世界 500 强排行榜，梅赛德斯－奔驰集团位列第 38，利润达 272 亿美元，是全球最赚钱的汽车企业。

2. 北汽集团与梅赛德斯－奔驰集团低碳转型策略

北汽集团是国内新能源汽车产业的先行者、“双碳”战略的践行者、北京市“高精尖”发展的推动者。早在 2003 年，北汽集团旗下北汽福田就开启了商用车新能源业务；2009 年，北汽成立了国内第一家新能源汽车公司——北汽新能源，正式拉开了绿色发展的大幕。北汽集团坚持纯电动、燃料电池、混动三条路线齐头并进，构建起围绕新能源乘用车、商用车产品及出行配套延伸服务的新能源汽车生态圈。

作为全球最早提出碳中和路径及目标的汽车企业之一，梅赛德斯－奔驰利用数字化持续推进采购合同无纸化，预计一年可以节省超过 20 万张纸。梅赛德斯－奔驰对经销商在用材、用电和日常维护等方面提出了严格要求，使零售端更加绿色和环保。

绿色生产全力迈向碳中和的未来。2019 年，梅赛德斯－奔驰提出“2039 愿景”，致力于最晚到 2039 年实现乘用车新车阵容的碳中和。梅赛德斯－奔驰实现碳中和的举措不局限于产品本身，而是贯穿于汽车价值链的各个环节，覆盖技术研发、供应网络、生产制造、车辆使用周期及回收利用。2021 年，由梅赛德斯－奔驰集团和北汽集团合作的北京奔驰公司成为北京首批购买绿色电力的企业之一。此外，北京奔驰公司还广泛应用数字设备和绿色设施节能降耗，致力于实现无纸化生产。通过部署绿色物流，北京奔驰公司使用循环包装代替一次性纸包装，2022 年节约的纸张相当于 130 万棵树，可以覆盖约 5 个北京奥林匹克公园的植物种植面积。顺义工厂厂房还采用“厂房顶棚天窗”建筑结构，利用自然光照明，在节能的同时创造更舒适的工作环境。同时，北京奔驰公司还提高自制绿色能源占比，广泛应用光伏发电技

① 刘瑾．新能源汽车呈快速增长势头［N］．经济日报，2022－07－21.

术，安装和使用的太阳能电池板总面积将近22万平方米，年发电总量可达3800万千瓦时。同时，地源热泵通过水与地能进行冷热交换，每年节约用电190万度。雨水调蓄系统和中水循环利用系统每年可减少自来水使用35万吨，约合6000多人一年的常规用水量。北京奔驰公司还持续开展植树造林活动，目前工厂总绿化面积约83万平方米，约等于116个足球场。[①]

3. 北汽集团与梅赛德斯－奔驰集团合作介绍

2022年，梅赛德斯－奔驰乘用车迎来在中国本土化生产17周年。2018年，梅赛德斯－奔驰集团和北汽集团宣布共同投资超过119亿元人民币，打造北京奔驰顺义工厂。2020年，北京奔驰顺义工厂正式投产。2022年，全新EQE在北京奔驰顺义工厂下线，这也是第400万辆国产梅赛德斯－奔驰汽车，并将于近期在中国市场上市。

北京奔驰顺义工厂全球领先的高端制造技术为全新EQE提供了品质保障。梅赛德斯－奔驰乘用车生产运营360（MO360）为智能化生产体系带来了极高的透明度，通过软件和网络把硬件设备链接在云端，生产员工可以通过移动设备随时查看全新EQE生产状态和相关数据。人机协作的生产方式提升了生产效率，也保证了高质量生产。应用于顺义工厂车身车间的生产流管理系统（PFM）使生产线具备了高柔性化特征。PFM可以根据客户订单灵活安排生产，不仅能充分满足全新EQE的不同订单要求，还可实现新能源车型和燃油车型生产的灵活切换。此外，在车身车间内，包括全新铝合金点焊工艺在内的9种世界领先车身连接工艺，为全新EQE的覆盖件和车身提供了高质量连接。顺义工厂总装车间的智装线配备了自动引导车（AGV），以进行全新EQE的车身运输。地面的磁条可引导AGV自主运行，通过磁条的二维码，可实时追踪生产区域内每一台AGV所在的位置。集成大型可升降AGV和小型运输AGV的灵活搭配，提高了顺义工厂生产运营的效率和准确性，实现了高柔性化生产。同时，北京奔驰还通过智慧物流推行

① 陈颖．探访北京奔驰顺义工厂：揭秘全新EQE的核心豪华品质［N］．齐鲁晚报，2022－08－05．

高效生产。总装车间采用智能化的灯光分拣提示系统，物料分拣人员面对复杂的零件分拣任务，只需跟随货架上的灯光提示，就能实现多品种车型订单零部件的精准分拣；分拣好零件的配餐车，由 AGV 送至生产线，极大降低了错拣漏拣的概率，使生产运营更加高效精准。①

案例 2　宁德时代低碳转型合作案例

1. 宁德时代简介

宁德时代新能源科技股份有限公司（CATL，简称“宁德时代”）成立于 2011 年，公司总部位于福建宁德，在德国慕尼黑、北京、上海、江苏、青海分别设有分支机构。通过多年运营，公司已建成国内领先的动力电池和储能系统研发制造基地，拥有材料、电芯、电池系统、电池回收的全产业链核心技术，致力于通过先进的电池技术为全球绿色能源应用、能源存储提供解决方案。公司已与德国、美国等国际顶级汽车厂商及国内众多知名汽车厂商建立了深度合作关系，为全球客户研发和生产纯电动汽车、混合动力汽车的动力电池系统，持续为社会提供清洁、安全的绿色能源。②

宁德时代合作与技术创新的发展历程。第一，国际合作方面，2012 年与德国宝马集团战略合作；2014 年在德国成立全资子公司；2014 年在法国、美国、加拿大和日本成立全资子公司。第二，与国内企业合作方面，2013 年与全球最大客车厂宇通合作开发客车动力电池；2017 年与上汽集团成立合资公司；2018 年与东风汽车、广汽集团分别成立合资公司。第三，联合建立实验室方面，2016 年宁德时代新能源院士专家工作站成立；2019 年与吉利汽车、一汽集团分别成立合资公司，设立国家工程研究中心；2020 年成立 21C 创新实验室；2021 年与中科院物理所成立联合实验室。第四，参与储能合作方面，2011 年参与当时全球规模最大的风光储输示范工程——张北储能项目；2020 年

① 陈颖．探访北京奔驰顺义工厂：揭秘全新 EQE 的核心豪华品质［N］．齐鲁晚报，2022－08－05.

② 企查查，https://www.qcc.com/firm/15e925fd3c101cc4a152bcc89a90da9b.html.

与国家电网旗下国网综合能源服务集团成立两家储能盒子公司；2020年参与中国规模最大的电网侧站房式电池储能电站——晋江百兆瓦时级储能电站建设，实现“十三五”重点研发计划项目的落地应用；2021年参与建设欧洲最大的电网侧单体电池储能电站——英国门迪储能电站[①]。

宁德时代全球布局。宁德时代总部在福建宁德，在全球设有五大研发中心、十大国内生产基地。其中五大研发中心分别建在福建宁德、福建厦门、江苏溧阳、上海和德国；十大国内生产基地建在福建宁德、青海西宁、江苏溧阳、四川宜宾、广东肇庆、上海临港、福建厦门、江西宜春、贵州贵阳和山东济宁。

国际市场上，从2014年开始，宁德时代通过海外收购、建立生产基地和研发中心等进行全球化战略布局。2018年7月，宁德时代在德国图林根州建设生产基地，主要从事锂离子电池研发与生产，这是中国动力电池企业首次登陆以汽车工业领先著称的德国。为支持项目的落地，宝马和宁德时代签订了新的订单。此后，戴姆勒、雪铁龙、大众、捷豹和沃尔沃等国际巨头都成为宁德时代的客户[②]。

中国拥有最完整的锂电产业链，且形成了珠三角、长三角、湘赣、渤海湾四大锂电产业集群，产业链的覆盖面和竞争力强于日韩产业链。得益于国内完善的锂电供应链，宁德时代在国际市场上相较于其他电池巨头而言有更好的成本控制能力。

3. 宁德时代低碳转型策略

宁德时代专注于新能源汽车动力电池系统、储能系统的研发、生产和销售，其核心技术在于动力和储能电池领域，拥有材料、电芯、电池系统、电池回收二次利用等全产业链研发及制造能力，为全球新能源应用提供解决方案。宁德时代凭借注重技术研发、产业链供应链

---

① 宁德时代官网，https://www.catl.com/.

② 张乐．宁德时代的破局之路［J］．中国经济评论，2021，(2)：76－79.

布局、产能扩张等要素成为锂电池龙头企业[①]。

4. 宁德时代与国际知名企业合作

2011年底，宁德时代凭借优秀的产品性能成为宝马的电池合作伙伴，宝马和宁德时代成立了电池联合开发团队，在电池包的所有关键技术领域开展合作研发。华晨宝马曾于技术攻关时定期向宁德派出工程师提供技术支持，向宁德时代发出详尽的动力电池系统需求规格书。这些为宁德时代掌握从研发到测试的动力电池全流程提供了极大的帮助。与宝马的合作使宁德时代加强了对三元锂电池的技术研发，其技术研发能力和经营管理能力进一步提升。宁德时代开始主动了解客户需求、创造解决方案，也开启了它从锂电池制造企业向世界一流锂电池研发制造企业的征途。[②]

2019年10月13日，宁德时代与拉丁美洲三大商用车之一的大众（拉美）卡客车公司签订了长期战略合作协议，宁德时代将为VWCO的全新电动货车提供全生命周期的电池解决方案。据了解，双方合作的车型将搭载宁德时代全新磷酸铁锂（LFP）商用车标准电池包，该电池包是宁德时代专为商用车开发设计的全新标准电池包。因采用了拥有循环寿命以及耐高温性能的磷酸铁锂材料，其热失控温度可达到800℃。同时，该电池包还引入了包含70多项专利技术的全新CTP（电芯直接集成到电池包）高集成动力电池平台，宁德时代为VWCO提供的新型标准电池包集成效率将由原来的75%提升到90%，系统能量密度也将提升到160Wh/kg。此次合作标志着宁德时代正式进入由VWCO及其优选供应商共同组成的电动联盟。宁德时代除了延续在乘用车领域取得的成功之外，正将成功经验与专业技术延伸到商用车的电动化上。[③]

---

① 高旭，吴听，Hannon E. 等．从电动化到供应链，中国车企脱碳的必由之路［J］．汽车与配件，2021，（21）：57－59.

② 张乐．宁德时代的破局之路［J］．中国经济评论，2021，（2）：76－79.

③ 刘阳．宁德时代与大众（拉美）卡客车公司达成战略合作［N］．新京报，2019－10－14.

5. 宁德时代与成都市政府合作

2022年7月31日，宁德时代与成都市政府签署战略合作框架协议，双方将在换电运营、研发、资源综合利用、电池关键材料制造、新能源及储能等领域开展全方位合作。同时，宁德时代将在成都新津设立西南运营总部和成都研究院，聚焦新能源开发利用、动力电池、新型储能等领域，推进创新技术研究、成果转化、项目孵化、产品示范应用。具体来看，双方在换电合作方面将积极推动换电技术的研发和应用。在研发方面，宁德时代将在成都设立西南运营总部及成都研究院，依托自身在电池制造、换电、零碳、储能等方面的技术优势，围绕新能源开发利用、动力电池、新型储能、零碳交通等进行创新技术研究、产品及场景创新开发、项目孵化。在资源综合利用方面，依托宁德时代的“光储充检控”智能技术，双方致力于将长安静脉产业园打造成零碳示范园区。成都市在产业、地理位置、资源等诸多方面有得天独厚的优势，因此有越来越多的企业与成都市展开合作。2021年国内动力电池企业装车量前10名中，有4家企业落户成都，成都锂电池规划产能已达200GWh以上，占整个西南地区的45.7%。①

案例3 比亚迪低碳转型合作案例

1. 比亚迪公司简介

比亚迪股份有限公司（简称“比亚迪”）成立于1995年，是一家致力于“用技术创新，满足人们对美好生活的向往”的高新技术企业。经过20多年的高速发展，比亚迪已在全球设立30多个工业园，实现全球六大洲的战略布局。比亚迪业务布局涵盖电子、汽车、新能源和轨道交通等领域，并在这些领域发挥着举足轻重的作用，从能源的获取、存储再到应用，全方位构建零排放的新能源整体解决方案。比亚迪是香港和深圳上市公司，营业额和总市值均超过千亿元。②

---

① 张阳．宁德时代与成都市政府战略合作 将设西南运营总部及成都研究院［N］．中国质量新闻网，2022-08-01.

② 比亚迪官网，https://www.bydglobal.com/cn/index.html.

比亚迪动力电池引领新能源产业发展。比亚迪动力电池与整车厂无缝合作，积累了丰富的经验，打造了专业的开发及服务团队，拥有全面的预知及应对机制。目前，比亚迪动力电池应用车型超过 40 款，涵盖乘用车、商用车、专用车等领域，在以下四方面体现了比亚迪的技术优势。（1）全产业链布局：具备动力电池完整的研发及生产体系，包括矿产资源开发、材料研发制造、工艺研发、电芯研发制造、BMS 研发制造、模组研发制造、电池包开发制造、梯级利用回收。（2）强大的产品研发能力：以基础材料研发为基石，以电池性能为中心，以创新技术为导向，进行全方位研发布局；在固态电解质、复合隔膜、电解液等领域都有深入研究。（3）设备及测试能力：先进、全面的设备研发能力；完备的测试能力。（4）智能制造：智能化、信息化、工业 4.0。①

比亚迪 2022 年首次在《财富》世界 500 强排名第 436 名，营收 327.6 亿美元，利润 4.7 亿美元。榜单发布的当天，比亚迪公布了 2022 年 7 月销量成绩单，比亚迪汽车 7 月新能源汽车销量 162530 辆，同比增长 183.1%，本年累计销量 80.39 万辆，同比增长 292.0%。②

2. 比亚迪低碳转型策略

比亚迪已经率先宣布从 2022 年 3 月起停止燃油汽车生产，将专注纯电动和插电混动汽车业务，为全球交通运输领域的绿色低碳转型提供示范。2022 年 7 月 21 日，比亚迪正式宣布进入日本乘用车市场，成为首个进入日本的中国新能源乘用车品牌。比亚迪在与全球消费者分享绿色科技创新成果，持续加快国际化进程，助力各国和地区治理空气污染、实现碳中和的同时，走出了一条从自主创新到全面开放创新之路。比亚迪高度重视在青海的产业布局，已在西宁、海东、格尔木等城市投资锂电池和材料产业基地，从提锂到电池材料，再到电池整

① 比亚迪官网，https://www.bydglobal.com/cn/index.html.

② 张懿．《财富》世界 500 强：大众力压丰田 中国车企占据 7 席．中国经济网，2022-08-05.

机，形成了一条完整的绿色发展产业链。[①]

3. 比亚迪产业链布局与合作策略

在新能源汽车产业链上，比亚迪进行前瞻性的布局，成立了5家弗迪公司，使产业链一体化的优势更加明显，产品研发也更为灵活。通过产业链一体化，比亚迪降低了零部件与整车的生产成本，扩大了产品的定价空间。在产业链对外合作方面，比亚迪继续以战略投资为纽带实现产业赋能，加速打造产业生态，实现合作共赢。在半导体、汽车智能化、工业软件及新材料领域，比亚迪依托自身深厚的技术和应用经验，积极布局半导体全产业链、汽车智能相关软硬件及汽车零部件设计制造等方向，推进技术研发层面的纵深探索。[②]

在汽车电池供应合作方面，比亚迪于2000年成为摩托罗拉第一个中国区锂离子电池供应商；于2002年成为诺基亚第一个中国区锂离子电池供应商；2003年，比亚迪成为全球第二大充电电池生产商，同年收购秦川汽车厂，正式进军汽车领域。[③]

在公共交通领域合作方面，比亚迪与北欧最大的公共交通运营商Nobina签订了30台电动巴士的订单，这笔订单计划于2022年底交付，并将在赫尔辛基地区投入运营。而在2021年11月24日，比亚迪就与Nobina签订了70台大巴的订单，并在芬兰投入运营，其中包括12米纯电动大巴、18米纯电动铰接大巴，以及比亚迪全球首款15米低底盘纯电动大巴。而2022年的这笔新订单则包括15台13米及15台15米两种车款车型的纯电动巴士，两款车型均采用全新一代磷酸铁锂电池，续航能力充分满足北欧地区运营需求。[④]

---

① 孙睿．王传福：比亚迪与全球分享绿色科技成果［N］．中国新闻网，2022－07－22.

② 张萌．《财富》公布世界500强，上榜的比亚迪究竟有何魅力？［N］．和讯网，2022－08－08.

③ 比亚迪官网，https://www.bydglobal.com/cn/index.html.

④ 陈薇．比亚迪再次获得Nobina电动巴士订单，预计2022年底交付［N］．集微网，2022－04－01.

案例4 北汽福田与丰田低碳转型合作案例

1. 北汽福田简介

北汽福田汽车股份有限公司（简称“北汽福田”）成立于1996年，是中国品种全、规模大的商用车企业，北汽福田作为北汽集团分公司，一直致力于在氢燃料电池商用车领域进行布局。2006年，北汽福田与清华大学、北京亿华通共同承担国家“863计划”氢燃料电池的研发，两年后推出了国内首款公告型氢燃料电池客车并服务2008年北京奥运会。截至目前，北汽福田已累计销售氢燃料电池客车190辆，累计运行里程超过300万公里。在长距离续航、1700米高海拔、超长连续爬坡动力及干燥空气等环境工况下，产品的安全性、可靠性、经济性等均经受住了考验。目前，北汽福田正进行续驶里程超过450公里的第四代氢燃料电池客车研发，车辆采用先进可靠电安全技术、氢安全技术、氢电耦合安全系统以及符合国际要求的整车布置设计，全方位保证了氢燃料电池客车安全性；整车氢气加注10~15分钟，续航里程可达450公里以上；可实现零下30摄氏度低温启动、零下46摄氏度低温存放和停机自动保护。同时，北汽福田氢燃料电池物流车已经量产上市。另外，自2015年起北汽集团启动了氢燃料电池轿车的相关研发，目前已完成两代氢燃料电池轿车设计、试制和调试工作，并已在北京科博会、北京国际车展等重大展会中展出。[①] 根据世界品牌实验室发布的2021年《中国500最具价值品牌》，2021年北汽福田品牌价值为1808.36亿元。[②]

2. 北汽福田经营管理与智能技术

北汽福田累计产销汽车1000万辆，连续多年在中国商用车领域销量名列前茅，成为世界商用车行业的佼佼者；海外出口56万辆，连续

① 孙晓萌．北汽福田联手丰田、亿华通合作推出氢燃料电池客车［N］．新京报，2019年4月22日．

② 王敏．福田汽车：2021年福田汽车品牌价值为1808.36亿元［N］．乐居财经，2021年12月27日．

8 年位居中国商用车出口第一。世界品牌实验室发布《中国 500 最具价值品牌》排行榜，2020 年北汽福田以 1685.92 亿元排名第 34 名，位居商用车行业第一、汽车行业第四，连续 16 年领跑商用车行业。依托“一云、四互联、五智能”，福田工业互联网致力成为中国制造场景式变革和数字化转型的引领者。其中，“一云”指北汽福田工业互联网云平台（iTink），是北汽福田经营管理体系的操作系统；“四互联”是通过工厂内部互联、企业运营管理系统互联、企业与产品互联、企业与客户互联四大互联实现平台应用并提供安全保障；“五智能”包括智能工厂、智能管理、智能服务、智能汽车、商业智能，是北汽福田工业互联网的应用，其中 App 是关键。全球化的研发布局方面，以北京为中心，北汽福田构建了覆盖德国、美国、日本等地的全球研发战略布局。①

新能源方面，北汽福田致力于新能源汽车的建设投入，打造专业、高品质的新能源汽车产品。2018 年 8 月，北京福田智蓝新能源汽车科技有限公司正式成立，产品规划商用车全系列，技术路线全面覆盖纯电动、氢燃料电池、混合动力。福田智蓝新能源依托核心三电技术及创新的商业模式，融入“智能、环保、专业、安全”理念，打造适用电商物流、冷链配送、专用车等多领域、多场景、全生命周期服务的新能源物流车产品，是智能互联的新能源物流车专家。北汽福田具备清洁能源汽车动力系统集成、整车性能仿真分析、电池成组、电机控制及整车控制软件开发等 8 大核心研发能力，已申请电动汽车相关专利 1028 项，其中发明专利 542 项，实用新型专利 682 项，外观专利 3 项。

智能驾驶方面，北汽福田 2016 年率先发布中国无人驾驶卡车，通过车联网、大数据、L3 自动驾驶技术应用，实现车与人、车、路的智能共享和安全、舒适、节能、高效的行驶。2016 ~ 2018 年，北汽福田在自动驾驶领域不断突破，取得丰硕成果。智能产品规划为：满足法

① 北汽福田官网，https://m.foton.com.cn/webback/html/index.html.

规要求的主动安全、面向未来的自动驾驶。其中，满足法规要求包括FCW前碰撞预警、LDW车道偏离预警、AEBS主动制动、LKAS车道保持等；面向未来的自动驾驶包括按照样车开发、示范运营、商业化运营三个大的阶段进行规划，拥有高标准智能工厂，按照“零排放、无接触、自动化”的理念，通过升级导入自动化、数字化、智能化技术，四年内投入230多亿元，打造高标准的现代工厂和自动化生产线。①

3. 北汽福田的“氢能共同体”合作之路

北汽福田走出了一条有自主特色的新能源发展道路。北汽福田联合清华大学等机构承接国家“863计划”氢燃料电池项目，2008年北京奥运会期间实现了道路示范性运营；同年，第一批混合动力客车批量交付广州一巴，率先实现混合动力客车的大批量商业化运营。在北京的“新能源”门槛日益提高时，北汽福田不断大手笔、大批量交付纯电动客车，承载北京市民日常通勤出行。2019年，凭借“氢燃料电池客车关键技术及应用”项目，北汽福田荣获“中国汽车工业科技进步一等奖”。②

2022年7月5日，北京市政路桥建材集团订购了40辆福田氢燃料重卡，30辆牵引车运营于公转铁后的建筑砂石料运输场景，10辆自卸车应用于城市基础设施建设运输场景，完善了北京地区的绿色制造产业链。这两类运输场景都存在载重大、路况复杂、不分昼夜的特点，结合北京严格的重型运输营运要求，实际营运过程中对车辆的性能要求极高。北汽福田新研发的氢燃料重卡具备长续航、强动力、全天候、轻量化、高质量、高效节能和舒适安全的特点。氢燃料随车储备达到385L×6的大容量，续航里程达440公里，耐低温的亿华通53kW·h的锰酸锂电池能实现零下35摄氏度启动；针对市政路桥的运输需求优化后的车身结构，整备质量11吨，装载量大，营运效率提高。从北京

① 北汽福田官网，https://m.foton.com.cn/webback/html/index.html.

② 北汽福田.“氢”城相连：北京上演“集群式绿色工业革命”.北汽福田官网，2022年7月7日.

出发，以京津冀地区的产业规模化集群应用为试点，凭借开放的姿态和优质的产业链资源，北汽福田的“氢能共同体”和“氢能朋友圈”，将用一整套制氢、加氢、用氢的解决方案，解决痛点、改善体验，不断助力全国能源结构向“绿色”的转型。[①]

4. 北汽福田与丰田汽车等企业合作服务北京冬奥会

2019 年 1 月 23 日，国家电投氢能科技发展有限公司（简称“氢能科技”）与北汽福田及北京亿华通科技股份有限公司（简称“亿华通”）三方战略合作签约仪式在国家电投集团中央研究院举行。北汽集团总经理、北汽福田董事长张夕勇在签约仪式上表示，通过产业联盟、技术合作、产业孵化等方式，协力提升关键技术研发水平，加快产业化建设，构建成氢能和燃料电池产业合作共享生态，打造中国氢燃料电池产业的最强经济体，共同推动 2022 冬奥会、北京城市副中心、京津冀等一系列大项目的示范运营，探索打造国际一流的氢燃料电池产业的创新样板。[②]

北汽福田于 2019 年 4 月 22 日宣布，与丰田汽车及亿华通达成合作意向，共同推出氢燃料电池客车。意向三方将在北汽福田生产及销售的 FC（Fuel Cell，燃料电池）客车上搭载采用丰田 FC 电堆等零部件的亿华通 FC 系统。[③]

2020 年，北汽福田作为北京市燃料电池汽车“示范应用联合体”牵头企业之一，成立北清智创，这是国内第一家提供燃料电池商用车全栈式解决方案的供应商；2021 年，与中石油合建首座加氢站投入运营，设计加注能力为 600 公斤/天，每天可加注氢燃料电池客车 50～60 辆；2022 年初的北京和张家口，更是有 515 辆福田欧辉氢燃料客车服务北京冬奥会，创下有史以来氢燃料客车服务国际级运动赛事规模最大、车型数量最多的纪录。赛会期间，515 辆福田欧辉氢燃料客车零失

---

① 北汽福田．“氢”城相连：北京上演“集群式绿色工业革命”．北汽福田官网，2022 年 7 月 7 日．

② 北汽福田官网，https://m. foton. com. cn/webback/html/index. html.

③ 孙晓萌．北汽福田联手丰田、亿华通合作推出氢燃料电池客车［N］．新京报，2019 年 4 月 22 日．

误、零故障、零风险的惊艳表现，无疑也为氢燃料客车在极端环境下的稳定运营正名，氢燃料汽车实现了规模化应用和产业化突破[①]。

附录Ⅱ 《孙子兵法》十三篇原文

该部分内容主要参考吴九龙（1996）主编的《孙子校释》。《孙子兵法》十三篇：第一计篇；第二作战篇；第三谋攻篇；第四形篇；第五势篇；第六虚实篇；第七军争篇；第八九变篇；第九行军篇；第十地形篇；第十一九地篇；第十二火攻篇；第十三用间篇。

第一　计篇

孙子曰：**兵者，国之大事也。死生之地，存亡之道，不可不察也。**

故经之以五，校之以计，而索其情：**一曰道，二曰天，三曰地，四曰将，五曰法。**道者，令民与上同意也。故可与之死，可与之生而不诡也。天者，阴阳、寒暑、时制也。地者，高下、远近、险易、广狭、死生也。**将者，智、信、仁、勇、严也。**法者，曲制、官道、主用也。凡此五者，将莫不闻，知之者胜，不知者不胜。故校之以计，而索其情。曰：主孰有道？将孰有能？天地孰得？法令孰行？兵众孰强？士卒孰练？赏罚孰明？吾以此知胜负矣。

将听吾计，用之必胜，留之；将不听吾计，用之必败，去之。计利以听，乃为之势，以佐其外。**势者，因利而制权也。**

兵者，诡道也。故能而示之不能，用而示之不用，近而示之远，远而示之近。利而诱之，乱而取之，实而备之，强而避之，怒而挠之，卑而骄之，佚而劳之，亲而离之。**攻其无备，出其不意。**此兵家之胜，不可先传也。

夫**未战而庙算胜者，得算多也**；未战而庙算不胜者，得算少也。**多算胜，少算不胜，**而况于无算乎！吾以此观之，胜负见矣。

---

① 北汽福田．“氢”城相连：北京上演“集群式绿色工业革命”．北汽福田官网，2022年7月7日．

第二　作战篇

孙子曰：凡用兵之法，驰车千驷，革车千乘，带甲十万，千里馈粮，则内外之费，宾客之用，胶漆之材，车甲之奉，日费千金，然后十万之师举矣。

其用战也，胜久则钝兵挫锐，攻城则力屈，久暴师则国用不足。夫钝兵挫锐，屈力殚货，则诸侯乘其弊而起，虽有智者，不能善其后矣。故兵闻拙速，未睹巧之久也。夫兵久而国利者，未之有也。故**不尽知用兵之害者，则不能尽知用兵之利也**。

善用兵者，役不再籍，粮不三载，取用于国，因粮于敌，故军食可足也。

国之贫于师者：远师者远输，远输则百姓贫。近师者贵卖，贵卖则财竭，财竭则急于丘役。屈力中原，内虚于家，百姓之费十去其七。公家之费，破车罢马，甲胄矢弩，戟楯矛橹，丘牛大车，十去其六。

故智将务食于敌，食敌一锺，当吾二十锺；萁秆一石，当吾二十石。故杀敌者，怒也；取敌之利者，货也。故车战，得车十乘已上，赏其先得者，而更其旌旗，车杂而乘之，卒善而养之，是谓胜敌而益强。

故兵贵胜，不贵久。故知兵之将，民之司命，国家安危之主也。

第三　谋攻篇

孙子曰：凡用兵之法，全国为上，破国次之；全军为上，破军次之；全旅为上，破旅次之；全卒为上，破卒次之；全伍为上，破伍次之。是故**百战百胜，非善之善者也；不战而屈人之兵，善之善者也。**

故上兵伐谋，其次伐交，其次伐兵，其下攻城。攻城之法，为不得已，修橹轒辒，具器械，三月而后成，距闉，又三月而后已。将不胜其忿而蚁附之，杀士三分之一，而城不拔者，此攻之灾也。

故善用兵者，屈人之兵而非战也，拔人之城而非攻也，毁人之国而非久也，必以全争于天下。故兵不顿而利可全，此谋攻之法也。

故**用兵之法，十则围之，五则攻之，倍则分之，敌则能战之，少则能逃之，不若则能避之**。故小敌之坚，大敌之擒也。

夫将者，国之辅也，辅周则国必强，辅隙则国必弱。

故君之所以患于军者三：不知军之不可以进而谓之进，不知军之不可以退而谓之退，是谓縻军。不知三军之事，而同三军之政，则军士惑矣。不知三军之权，而同三军之任，则军士疑矣。三军既惑且疑，则诸侯之难至矣。是谓乱军引胜。

故**知胜有五：知可以战与不可以战者胜，识众寡之用者胜，上下同欲者胜，以虞待不虞者胜，将能而君不御者胜。此五者，知胜之道也。**

故曰：**知彼知己，百战不殆；不知彼而知己，一胜一负；不知彼不知己，每战必殆**。

第四　形篇

孙子曰：昔之善战者，**先为不可胜，以待敌之可胜**。不可胜在己，可胜在敌。故善战者，能为不可胜，不能使敌必可胜。故曰：胜可知，而不可为。

不可胜者，守也；可胜者，攻也。守则有余，攻则不足。善守者，藏于九地之下；善攻者，动于九天之上，故能自保而全胜也。

见胜不过众人之所知，非善之善者也；战胜而天下曰善，非善之善者也。故举秋毫不为多力，见日月不为明目，闻雷霆不为聪耳。古之所谓善战者，胜于易胜者也。故善战者之胜也，无奇胜，无智名，无勇功。故其战胜不忒，不忒者，其所措必胜，胜已败者也。故善战者，立于不败之地，而不失敌之败也。是故，**胜兵先胜而后求战，败兵先战而后求胜**。善用兵者，修道而保法，故能为胜败正。

法：一曰度，二曰量，三曰数，四曰称，五曰胜。地生度，度生量，量生数，数生称，称生胜。故胜兵若以镒称铢，败兵若以铢称镒。称胜者之战民也，若决积水于千仞之谿者，形也。

第五　势篇

孙子曰：**凡治众如治寡，分数是也；斗众如斗寡，形名是也；三军之众，可使毕受敌而无败者，奇正是也。兵之所加，如以碫投卵者，虚实是也**。

凡战者，以正合，以奇胜。故**善出奇者，无穷如天地；不竭如江河**。终而复始，日月是也；死而复生，四时是也。**声不过五，五声之变不可胜听也；色不过五，五色之变不可胜观也；味不过五，五味之变不可胜尝也**；战势不过奇正，奇正之变不可胜穷也。奇正相生，如环之无端，孰能穷之？

激水之疾，至于漂石者，势也；鸷鸟之击，至于毁折者，节也。是故善战者，其势险，其节短。势如彍弩，节如发机。

纷纷纭纭，斗乱而不可乱也；浑浑沌沌，形圆而不可败也。乱生于治，怯生于勇，弱生于强。治乱，数也；勇怯，势也；强弱，形也。故善动敌者：形之，敌必从之；予之，敌必取之。以此动之，以卒待之。

故善战者，求之于势，不责于人，故能择人而任势。任势者，其战人也，如转木石；木石之性：安则静，危则动，方则止，圆则行。故善战人之势，如转圆石于千仞之山者，势也。

第六　虚实篇

孙子曰：凡先处战地而待敌者佚，后处战地而趋战者劳。故**善战者，致人而不致于人**。能使敌人自至者，利之也；能使敌人不得至者，害之也。故敌佚能劳之、饱能饥之、安能动之者，出其所必趋也。

行千里而不劳者，行于无人之地也；攻而必取者，**攻其所不守也**；守而必固者，守其所必攻也。故善攻者，敌不知其所守；善守者，敌不知其所攻。微乎微乎，至于无形；神乎神乎，至于无声，故能为敌之司命。进而不可御者，冲其虚也；退而不可追者，速而不可及也。故我欲战，敌虽高垒深沟，不得不与我战者，攻其所必救也；我不欲战，画地而守之，敌不得与我战者，乖其所之也。

故形人而我无形，则我专而敌分；我专为一，敌分为十，是以十攻其一也。则我众而敌寡，能以众击寡者，则吾之所与战者约矣。吾所与战之地不可知，不可知，则敌所备者多；敌所备者多，则吾所与战者寡矣。故备前则后寡，备后则前寡；备左则右寡，备右则左寡；无所不备，则无所不寡。寡者，备人者也；众者，使人备己者也。

故**知战之地，知战之日，则可千里而战；不知战地，不知战日，则左不能救右，右不能救左，前不能救后，后不能救前，而况远者数十里，近者数里乎？**以吾度之，越人之兵虽多，亦奚益于胜哉？故曰：胜可为也。敌虽众，可使无斗。

故策之而知得失之计，作之而知动静之理，形之而知死生之地，角之而知有余不足之处。故形兵之极，至于无形；无形，则深间不能窥，智者不能谋。因形而措胜于众，众不能知；人皆知我所以胜之形，而莫知吾所以制胜之形。故其战胜不复，而应形于无穷。

夫**兵形象水，水之行，避高而趋下；兵之胜，避实而击虚**。水因地而制行，兵因敌而制胜。故兵无成势，无恒形。能因敌变化而取胜者，谓之神。故五行无常胜，四时无常位；日有短长，月有死生。

第七　军争篇

孙子曰：凡用兵之法，将受命于君，合军聚众，交和而舍，莫难于军争。军争之难者，以迂为直，以患为利。故迂其途而诱之以利，后人发，先人至，此知迂直之计者也。

故**军争为利，军争为危**。举军而争利则不及，委军而争利则辎重捐。是故卷甲而趋，日夜不处倍道兼行，百里而争利，则擒三军将；劲者先，罢者后，其法十一而至。五十里而争利，则蹶上军将，其法半至。三十里而争利，则三分之二至。是故军无辎重则亡，无粮食则亡，无委积则亡。

故不知诸侯之谋者，不能豫交；不知山林、险阻、沮泽之形者，不能行军；不用乡导者，不能得地利。故兵以诈立，以利动，以分合为变者也。故其疾如风，其徐如林；侵掠如火，不动如山，难知如阴，动如雷震。掠乡分众，廓地分利，悬权而动。先知迂直之计者胜，此军争之法也。

《军政》曰：言不相闻，故为金鼓；视不相见，故为旌旗。故夜战多金鼓，昼战多旌旗。夫金鼓旌旗者，所以一人之耳目也，民既专一，则勇者不得独进，怯者不得独退。此用众之法也。

故三军可夺气，将军可夺心。是故朝气锐，昼气惰，暮气归。故善用兵者，避其锐气，击其惰归，此治气者也。以治待乱，以静待哗，此治心者也。以近待远，以佚待劳，以饱待饥，此治力者也。无邀正正之旗，勿击堂堂之陈，此治变者也。

故用兵之法：高陵勿向，背丘勿逆，佯北勿从，锐卒勿攻，饵兵勿食，归师勿遏，**围师必阙，穷寇勿迫**，此用兵之法也。

第八　九变篇

孙子曰：凡用兵之法：将受命于君，合军聚众，圮地无舍，衢地合交，绝地无留，围地则谋，死地则战。途有所不由，军有所不击，城有所不攻，地有所不争，君命有所不受。故将通于九变之地利者，知用兵矣；将不通于九变之利者，虽知地形，不能得地之利矣。治兵不知九变之术，虽知五利，不能得人之用矣。

是故，**智者之虑，必杂于利害。杂于利，而务可信也；杂于害，而患可解也。**

是故，屈诸侯者以害，役诸侯者以业，趋诸侯者以利。

故用兵之法：无恃其不来，恃吾有以待也；无恃其不攻，恃吾有所不可攻也。

故将有五危：必死，可杀也；必生，可虏也；忿速，可侮也；廉洁，可辱也；爱民，可烦也。凡此五者，将之过也，用兵之灾也。覆军杀将，必以五危，不可不察也。

第九　行军篇

孙子曰：凡处军、相敌；绝山依谷，视生处高，战隆无登，此处山之军也。绝水必远水；客绝水而来，勿迎之于水内，令半济而击之，利；欲战者，无附于水而迎客；视生处高，无迎水流，此处水上之军也。绝斥泽，惟亟去无留，若交军于斥泽之中，必依水草而背众树，此处斥泽之军也。平陆处易，右背高，前死后生，此处平陆之军也。凡此四军之利，黄帝之所以胜四帝也。

凡军好高而恶下，贵阳而贱阴，养生而处实，军无百疾，是谓必胜。丘陵堤防，必处其阳而右背之，此兵之利，地之助也。上雨，水沫至，止涉，待其定也。

绝天涧、天井、天牢、天罗、天陷、天隙，必亟去之，勿近也。吾远之，敌近之；吾迎之，敌背之。军旁有险阻、潢井、葭苇、山林、蘙荟者，必谨覆索之，此伏奸之所处也。

敌近而静者，恃其险也；远而挑战者，欲人之进也。其所居易者，利也。众树动者，来也；众草多障者，疑也。鸟起者，伏也；兽骇者，覆也。尘高而锐者，车来也；卑而广者，徒来也；散而条达者，薪来也；少而往来者，营军也。

辞卑而益备者，进也；辞强而进驱者，退也；轻车先出，居其侧者，陈也；无约而请和者，谋也；奔走而陈兵者，期也；半进半退者，诱也。

杖而立者，饥也；汲役先饮者，渴也；见利而不进者，劳也；鸟集者，虚也；夜呼者，恐也；军扰者，将不重也；旌旗动者，乱也；吏怒者，倦也。粟马肉食，军无悬甀，不返其舍者，穷寇也。谆谆翕翕，徐言入入者，失众也；数赏者，窘也；数罚者，困也；先暴而后畏其众者，不精之至也。来委谢者，欲休息也。兵怒而相迎，久而不合，又不相去，必谨察之。

兵非多益，惟无武进，足以并力、料敌、取人而已。夫惟无虑而易敌者，必擒于人。卒未亲附而罚之，则不服，不服则难用也；卒已亲附而罚不行，则不可用也。**故合之以文，齐之以武，是谓必取**。令素行以教其民，则民服；令素不行以教其民，则民不服。令素行者，与众相得也。

第十　地形篇

孙子曰：地形有通者，有挂者，有支者，有隘者，有险者，有远者。我可以往，彼可以来，曰通。通形者，先居高阳，利粮道，以战则利。可以往，难以返，曰挂。挂形者，敌无备，出而胜之；敌若有备，出而不胜，难以返，不利。我出而不利，彼出而不利，曰支。支形者，敌虽利我，我无出也，引而去之，令敌半出而击之，利。隘形者，我先居之，必盈之以待敌；若敌先居之，盈而勿从，不盈而从之。险形者，我先居之，必居高阳以待敌；若敌先居之，引而去之，勿从也。远形者，势均，难以挑战，战而不利。凡此六者，地之道也，将之至任，不可不察也。

故兵有走者，有驰者，有陷者，有崩者，有乱者，有北者。凡此六者，非天地之灾，将之过也。夫势均，以一击十，曰走。卒强吏弱，曰驰。吏强卒弱，曰陷。大吏怒而不服，遇敌怼而自战，将不知其能，曰崩。将弱不严，教道不明，吏卒无常，陈兵纵横，曰乱。将不能料敌，以少合众，以弱击强，兵无选锋，曰北。凡此六者，败之道也，将之至任，不可不察也。

夫地形者，兵之助也。料敌制胜，计险易、远近，上将之道也。知此而用战者必胜，不知此而用战者必败。故战道必胜，主曰无战，必战可也；战道不胜，主曰必战，无战可也。故进不求名，退不避罪，唯民是保，而利合于主，国之宝也。

视卒如婴儿，故可以与之赴深谿；视卒如爱子，故可与之俱死。厚而不能使，爱而不能令，乱而不能治，譬若骄子，不可用也。知吾卒之可以击，而不知敌之不可击，胜之半也。知敌之可击，而不知吾卒之不可以击，胜之半也；知敌之可击，知吾卒之可以击，而不知地形之不可以战，胜之半也。故知兵者，动而不迷，举而不穷。

故曰：**知彼知己，胜乃不殆；知天知地，胜乃可全。**

第十一　九地篇

孙子曰：用兵之法，有散地，有轻地，有争地，有交地，有衢地，有重地，有圮地，有围地，有死地。诸侯自战其地者，为散地。入人之地而不深者，为轻地。我得则利，彼得亦利者，为争地。我可以往，彼可以来者，为交地。诸侯之地三属，先至而得天下之众者，为衢地。入人之地深，背城邑多者，为重地。山林、险阻、沮泽，凡难行之道者，为圮地。所由入者隘，所从归者迂，彼寡可以击吾之众者，为围地。疾战则存，不疾战则亡者，为死地。是故散地则无战，轻地则无止，争地则无攻，交地则无绝，衢地则合交，重地则掠，圮地则行，围地则谋，死地则战。

所谓古之善用兵者，能使敌人前后不相及，众寡不相恃，贵贱不相救，上下不相收，卒离而不集，兵合而不齐。合于利而动，不合于利而止。敢问：敌众以整，将来，待之若何？曰：先夺其所爱，则听矣。兵之情主速，乘人之不及，由不虞之道，攻其所不戒也。

凡为客之道：深入则专，主人不克；掠于饶野，三军足食；谨养而勿劳，并气积力；运兵计谋，为不可测。投之无所往，死且不北。死，焉不得士人尽力。兵士甚陷则不惧，无所往则固，入深则拘，不得已则斗。是故其兵不修而戒，不求而得，不约而亲，不令而信，禁祥去疑，至死无所之。吾士无余财，非恶货也；无余命，非恶寿也。令发之日，士卒坐者涕沾襟，卧者涕交颐。投之无所往者，诸刿之勇也。

故善用兵者，譬如率然；率然者，恒山之蛇也。击其首则尾至，击其尾则首至，击其中则首尾俱至。敢问：兵可使如率然乎？曰：可。夫吴人与越人相恶也，当其同舟而济，其相救也，如左右手。是故方马埋轮，未足恃也；齐勇若一，政之道也；刚柔皆得，地之理也。故善用兵者，携手若使一人，不得已也。

将军之事，静以幽，正以治。能愚士卒之耳目，使之无知；易其事，革其谋，使民无识；易其居，迂其途，使民不得虑。**帅与之期，如登高而去其梯**；帅与之深入诸侯之地，而发其机；若驱群羊，驱而往，驱而来，莫知所之。聚三军之众，投之于险，此谓将军之事也。九地之变，屈伸之利，人情之理，不可不察也。

凡为客之道，深则专，浅则散。去国越境而师者，绝地也；四彻者，衢地也；入深者，重地也；入浅者，轻地也；背固前隘者，围地也；无所往者，死地也。是故散地，吾将一其志；轻地，吾将使之属；争地，吾将趋其后；交地，吾将谨其守；衢地，吾将固其结；重地，吾将继其食；圮地，吾将进其途；围地，吾将塞其阙；死地，吾将示之以不活。故兵之情：围则御，不得已则斗，过则从。

是故，不知诸侯之谋者，不能预交；不知山林、险阻、沮泽之形者，不能行军；不用乡导者，不能得地利。四五者，一不知，非王霸之兵也。夫霸王之兵，伐大国，则其众不得聚；威加于敌，则其交不得合。是故不争天下之交，不养天下之权，信己之私，威加于敌，故其城可拔，其国可隳。施无法之赏，悬无政之令，犯三军之众，若使一人。犯之以事，勿告以言；犯之以害，勿告以利。**投之亡地然后存，陷之死地然后生**。夫众陷于害，然后能为胜败。故为兵之事，在于顺详敌之意，并敌一向，千里杀将，此谓巧能成事者也。

是故政举之日，夷关折符，无通其使；厉于廊庙之上，以诛其事。敌人开阖，必亟入之。先其所爱，微与之期。践墨随敌，以决战事。是故，始如处女，敌人开户；后如脱兔，敌不及拒。

第十二　火攻篇

孙子曰：凡火攻有五，一曰火人，二曰火积，三曰火辎，四曰火库，五曰火队。行火必有因，因必素具。发火有时，起火有日。时者，天之燥也；日者，月在箕、壁、翼、轸也。凡此四宿者，起风之日也。

凡火攻，必因五火之变而应之。火发于内，则早应之于外。火发其兵静而勿攻，极其火央，可从而从之，不可从而止。火可发于外，无待于内，以时发之。火发上风，无攻下风。昼风久，夜风止。凡军必知有五火之变，以数守之。

故以火佐攻者明，以水佐攻者强。水可以绝，不可以夺。

夫战胜攻取，而不修其功者，凶，命曰费留。故曰：明主虑之，良将修之。**非利不动，非得不用，非危不战**。主不可以怒而兴军，将不可以愠而致战。合于利而动，不合于利而止。怒可复喜，愠可复悦，亡国不可以复存，死者不可以复生。故明君慎之，良将警之，此安国全军之道也。

第十三　用间篇

孙子曰：凡兴师十万，出征千里，百姓之费，公家之奉，日费千金，内外骚动，怠于道路，不得操事者，七十万家。相守数年，以争一日之胜，而爱爵禄百金，不知敌之情者，不仁之至也，非民之将也，非主之佐也，非胜之主也。故明君贤将，所以动而胜人，成功出于众者，先知也。先知者，不可取于鬼神，不可象于事，不可验于度，必取于人，知敌之情者也。

故用间有五：有乡间，有内间，有反间，有死间，有生间。五间俱起，莫知其道，是谓神纪，人君之宝也。乡间者，因其乡人而用之。内间者，因其官人而用之。反间者，因其敌间而用之。死间者，为诳事于外，令吾间知之，而传于敌间也。生间者，反报也。

故三军之亲，莫亲于间，赏莫厚于间，事莫密于间。非圣不能用间，非仁义不能使间，非微妙不能得间之实。微哉微哉，无所不用间也。间事未发，而先闻者，间与所告者皆死。

凡军之所欲击，城之所欲攻，人之所欲杀，必先知其守将、左右、谒者、门者、舍人之姓名，令吾间必索知之。必索敌人之间来间我者，因而利之，导而舍之，故反间可得而用也。因是而知之，故乡间、内间可得而使也；因是而知之，故死间为诳事，可使告敌；因是而知之，故生间可使如期。五间之事，主必知之，知之必在于反间，故反间不可不厚也。

昔殷之兴也，伊挚在夏；周之兴也，吕牙在殷。故惟明君贤将，能以上智为间者，必成大功，此兵之要，三军之所恃而动也。

附录Ⅲ　《孙膑兵法》原文

本部分内容主要参考银雀山汉墓竹简整理小组文章《临沂银雀山汉墓出土〈孙膑兵法〉释文》（《文物》1975 年第 1 期）整理。其中假借字下用圆括号（）注明本字。缺字以方框□表示，缺字超过五个和原简残断无法计算缺字，以删节号为记。可以补出的缺字外加方括号［］表示。

1. 擒庞涓

昔者，粱（梁）君将攻邯郸，使将军庞涓、带甲八万至于茬丘。齐君闻之，使将军忌子、带甲八万至……竟（境）。庞子攻卫□□□，将军忌〔子〕……卫□□，救与……曰："若不救卫，将何为?"孙子曰："请南攻平陵。平陵，其城小而县大，人众甲兵盛，东阳战邑，难攻也。吾将示之疑。吾攻平陵，南有宋，北有卫，当涂（途）有市丘，是吾粮涂（途）绝也。吾将示之不智（知）事。"

于是，徙舍而走平陵。……陵，忌子召孙子而问曰："事将何为?"孙子曰："都大夫熟为不识事?"曰："齐城、高唐"。孙子曰："请取所……二大夫□以□□□臧□□都横卷四达环涂□横卷所□阵也。环涂铍甲之所处也。吾末甲劲，本甲不断。环涂击柀其后，二大夫可杀也。"

于是段齐城、高唐为两，直将蚁傅平陵。挟茁环涂夹击其后，齐城、高唐当术而大败。将军忌子召孙子问曰："吾攻平陵不得而亡齐城、高唐，当术而厥（蹶）。事将何为?"孙子曰："请遣轻车西驰粱（梁）郊，以怒其气。分卒而从之，示之寡。"于是为之。庞子果弃其辎重，兼取舍而至。孙子弗息而击之桂陵，而禽（擒）庞涓。故曰：孙子之所以为者尽矣。

2. 见威王

孙子见威王，曰："**夫兵者，非士恒势也。此先王之傅道也**。战胜，则所以在亡国而继绝世也。战不胜，则所以削地而危社稷也。是故兵者不可不察。然夫**乐兵者亡，而利胜者辱。兵非所乐也，而胜非所利也，事备而后动**。故城小而守固者，有委也；卒寡而兵强者，有义也。夫守而无委，战而无义，天下无能以固且强者。尧有天下之时，诎（黜）王命而弗行者七，夷有二，中国四，……素佚而至（致）利也。战胜而强立，故天下服矣。

昔者，神戎（农）战斧遂；黄帝战蜀禄；尧伐共工；舜伐劂□□而并三苗，……管；汤汸（放）桀；武王伐纣；帝奄反，故周公浅之。故曰，德不若五帝，而能不及三王，知（智）不若周公，曰我将欲责（积）仁义，式礼乐，垂衣常（裳），以禁争挩（夺）。此尧舜非弗欲也，不可得，故举兵绳之。”

3. 威王问

齐威王问用兵孙子，曰：“两军相当，两将相望，皆坚而固，莫敢先举，为之奈何？”孙子合（答）曰：“以轻卒尝之，贱而勇者将之，期于北，毋期于得。为之微陈（阵）以触其厕（侧）。是胃（谓）大得。”

威王曰：“用众用寡有道乎？”孙子曰：“有。”威王曰：“我强敌弱，我众敌寡，用之奈何？”孙子再拜曰：“明王之问。夫众且强，犹问用之，则安国之道也。命之曰赞师。毁卒乱行，以顺其志，则必战矣。”**威王曰：“敌众我寡，敌强我弱，用之奈何？”孙子曰：“命曰让威。必臧其尾，令之能归。长兵在前，短兵在□，为之流弩，以助其急者，**□□毋动，以侍（待）敌能。”威王曰：“我出敌出，未知众少，用之奈何？”孙子〔曰〕：“命曰……**威王曰：“击穷寇奈何？”孙子……可以待生计矣。”**威王曰：“击钧（均）奈何？”孙子曰：“营而离之，我并卒而击之，毋令敌知之。然而不离，按而止。毋击疑。”**威王曰：“以一击十，有道乎？”孙子曰：“有。功（攻）其无备，出其不意。”**威王曰：“地平卒齐，合而北者，何也？”孙子曰：“其陈（阵）无逢（锋）也。”威王曰：“令民素听，奈何？”孙子曰：“素信。”威王曰：“善戋（哉）！言兵势不穷。”

田忌问孙子曰：“患兵者何也？困敌者何也？壁延不得者何也？失天者何也？失地者何也？失人者何也？请问此六者有道乎？”孙子曰：“有。患兵者地也，困敌者险也。故曰，三里灉（沮）洳将患军……涉将留大甲。故曰：患兵者地也，困敌者险也，壁延不得者蛋寒也，……奈何？”孙子曰：“鼓而坐之，十而揄之。”田忌曰：“行陈（阵）已定，动而令士必听，奈何？”孙子曰：“严而视（示）之利。”

田忌曰："赏罚者，兵之急者邪（耶）?"孙子曰："非。夫赏者，所以喜众，令士忘死也。罚者，所以正乱，令民畏上也。可以益胜，非其急者也。"田忌曰："权、势、谋、诈，兵之急者邪（耶）?"孙子曰："非也。夫权者，所以聚众也。势者，所以令士必斗也。谋者，所以令敌无备也。诈者，所以困敌也。可以益胜，非其急者也。"田忌忿然作色："此六者，皆善者所用，而子大夫曰非其急者也。然则其急者何也?"孙子曰："缭（料）敌计险，必察远近，……将之道也。必攻不守，兵之急者也。……骨也。"

田忌问孙子曰："张军毋战有道?"孙子曰："有。倅险赠（增）垒，诤戒毋动，毋可□□，毋可怒。"田忌曰："敌众且武，必战有道乎?"孙子曰："有。埤垒广志，严正辑众，辟（避）而骄之，引而劳之，攻其无备，出其不意，必以为久。"田忌问孙子曰："锥行者何也?雁行者何也?篡（选）卒力士者何也?劲弩趋发者何也?剽（飘）风之陈（阵）者何也?众卒者何也?"孙子曰："锥行者，所以冲坚毁兑（锐）也。雁行者，所以触厕（侧）应□〔也〕。篡（选）卒力士者，所以绝陈（阵）取将也。劲弩趋发者，所以甘战持久也。剽（飘）风之陈（阵）者，所以回□〔□□也〕。众卒者，所以分功（攻）有胜也。"孙子曰："明主、知道之将，不以众卒几功。"

孙子出而弟子问曰："威王、田忌臣主之问何如?"孙子曰："威王问九，田忌问七，几知兵矣，而未达于道。吾闻素信者昌，立义……用兵无备者伤，穷兵者亡，齐三枼（世）其忧矣。

……善则适（敌）为之备矣。"孙子曰……

孙子曰："八陈（阵）已陈……

……孙子……

……险成，险成敌将为正，出为三陈（阵），一

……倍人也，按而止之，盈而待（待）之，然而不□□□□之櫐而……

……无备者困于地，不□者……

……士死□而傅……

4. 陈忌问垒

田忌问孙子曰："吾卒……不禁，为之奈何？"孙子曰："明将之问也。此者人之所过而不急也，此□之所以疾……志也。"田忌曰："可得闻乎？"曰："可。用此者，所以应卒（猝）窘处隘塞死地之中也。是吾所以取庞〔□〕而禽（擒）泰（太）子申也。"田忌曰："善。事已往而刑（形）不见。"孙子曰："疾利（蒺藜）者，所以当蝺（沟）池也。车者，所以当垒〔也〕。〔□□者〕，所以当堞也。发者，所以当俾堄也。长兵次之，所以救其隋也。从（鏦）次之者，所以为长兵〔□〕也。短兵次之者，所以难其归而徼（邀）其衰也。弩次之者，所以当投几（机）也。中央无人，故盈之以……卒已定，乃具其法。制曰：以弩次疾利（蒺藜），然后以其法射之。垒上弩戟分。法曰：见使枼来言而动……去守五里直（置）候，令相见也。高则方之，下则员（圆）之。夜则击鼓，昼则举旗。"

田忌问孙子曰："子言晋邦之将荀息、孙轸之于兵也，未……

……无以军恐不守。"忌子曰："善。"田忌问孙子曰："子言晋邦之将荀息、孙〔轸〕……

……也，劲将之陈（阵）也。"孙子曰："士卒……

……田忌曰："善。独行之将也。……

……言而后中。"田忌请问……

……人。"田忌请问兵请（情）奈何？……

……见弗取。"田忌服问孙……

……橐□□□焉。"孙子曰："兵之……

……应之？"孙子曰："伍……

……孙子曰：……

……见之。"孙子……

……以也。"孙……

……将战书柧，所以哀正也。诛□规旗，所以严后也。善为陈（阵）者，必□□贤……

……明之吴越，言之于齐。曰智（知）孙氏之道者，必合于天地。

孙氏者……

……求其道，国故长久。”孙子……

……问智（知）道奈何？孙子……

……而先智（知）胜不胜之谓智（知）道。□战而知其所……

……所以智（知）敌，所以曰知，故兵无……

5. 篡卒

孙子曰：**兵之胜在于篡（选）卒，其勇在于制，其巧在于势，其利在于信，其德在于道，其富在于亟归，其强在于休民，其伤在于数战**。孙子曰：德行者，兵之厚积也。信者，兵明赏也。恶战者，兵之王器也。取众者，胜□□□也。孙子曰：**恒胜有五：得主剸（专）制，胜。知道，胜。得众，胜。左右和，胜。粮（量）敌计险，胜**。孙子曰：恒不胜有五：御将，不胜。不知道，不胜。乖将，不胜。不用间，不胜。不得众，不胜。孙子曰：胜在尽……明赏，撰（选）卒，乖敌……之□。是胃（谓）泰武之葆。孙子曰：不得主弗将也……

……令，一曰信，二曰忠，三曰敢。安忠？忠王。安信？信赏。安敢？敢去不善。不忠于王，不敢用其兵。不信于赏，百生（姓）弗德。不敢去不善，百生（姓）弗畏。

6. 月战

孙子曰：间于天地之间，莫贵于人。战□□□□不单。**天时、地利、人和，三者不得，虽胜有央（殃）。是以必付与而□战，不得已而后战**。故抚时而战，不复使其众。无方而战者小胜以付磿者也。孙子曰：十战而六胜，以星也。十战而七胜，以日者也。十战而八胜，以月者也。十战而九胜，月有……**〔十战〕而十胜，将善而生过者也**。一单……

……所不胜者也五，五者有所壹，不胜。故战之道，有多杀人而不得将卒者，有得将卒而不得舍者，有得舍而不得将军者，有复（覆）军杀将者。故得其道，则虽欲生不可得也。

7. 八阵

孙子曰：知（智）不足，将兵，自侍（恃）也。勇不足，将兵，自广也。不知道，数战不足，将兵，幸也。夫安万乘国，广万乘王，全万乘之民命者，唯知道。**知道者，上知天之道，下知地之理，内得其民之心，外知敌之请（情），陈（阵）则知八陈（阵）之经，见胜而战，弗见而诤，此王者之将也。**

孙子曰：用八陈（阵）战者，因地之利，用八陈（阵）之宜。用陈（阵）参（三）分，诲陈（阵）有蜂（锋），诲逢（锋）有后，皆侍（待）令而动。斗一，守二；以一侵敌，以二收。敌弱以乱，先其选卒以乘之。敌强以治，先其下卒以诱之。车骑与战者，分以为三，一在于右，一在于左，一在于后。**易则多其车，险则多其骑，厄则多其弩。险易必知生地、死地，居生击死。**

8. 地葆

孙子曰：凡地之道，阳为表，阴为里，直者为刚（纲），术者为纪。纪刚（纲）则得，陈（阵）乃不惑。直者毛产，术者半死。凡战地也，日其精也，八风将来，必勿忘也。绝水、迎陵、逆溜（流）、居杀地、迎众树者，钧（均）举也，五者皆不胜。南陈（阵）之山，生山也。东陈（阵）之山，死山也。东注之水，生水也。北注之水，死水。不留（流），死水也。

五地之胜曰：山胜陵，陵胜阜，阜胜陈丘，陈丘胜林平地。五草之胜曰：藩、棘、椐、茅、莎。五壤之胜：青胜黄，黄胜黑，黑胜赤，赤胜白，白胜青。五地之败曰：谿、川、泽、□。五地之杀曰：天井、天宛、天离、天埱、天柖。五墓，杀地也，勿居也，勿□也。春毋降，秋毋登。军与陈（阵）皆毋政前右，右周毋左周。

9. 势备

孙子曰：夫陷（含）齿戴角，前蚤（爪）后锯（距），喜而合，怒而斲（斗），天之道也，不可止也。故无天兵者自为备，圣人之事也。黄帝作剑，以陈（阵）象之。笄（羿）作弓弩，以势象之。禹作舟车，以变象之。汤、武作长兵，以权象之。凡此四者，兵之用也。

何以知剑之为陈（阵）也？旦莫（暮）服之，未必用也。故曰，陈（阵）而不战，剑之为陈（阵）也。剑无封（锋），唯（虽）孟贲

〔之勇〕不敢□□□。陈（阵）无蜂（锋），非孟贲之勇也敢将而进者，不智（知）兵之至也。剑无首铤，唯（虽）巧士不能进〔□〕□陈。（阵）无后，非巧士敢将而进者，不知兵之请（情）者。故有蜂（锋）有后，相信不动，敌人必走。无蜂（锋）无后……券不道。

何以知弓奴（弩）之为势也？发于肩应（膺）之间，杀人百步之外，不识其所道至。故曰：弓弩势也。何以〔知舟车〕之为变也？高则……何以知长兵之权也？击非高下非……卢毁肩。故曰，长兵权也。凡此四……中之近……也。视之近，中之远。权者，昼多旗，夜多鼓，所以送战也。凡此四者，兵之用也。□皆以为用，而莫赞（彻）其道。……功。**凡兵之道四：曰陈（阵），曰势，曰变，曰权。察此四者，所以破强敌、取孟（猛）将也。**……

……之有蜂（锋）者选陈（阵）□也。爵……

……得四者生，失四者死……

10. 兵情

孙子曰：若欲知兵之请（情），弩矢其法也。矢，卒也。弩，将也。发者，主也。矢，金在前，羽在后，故犀而善走。前……今治卒则后重而前轻，陈（阵）之则辨（办），趣之敌则不听，人治卒不法矢也。

弩者，将也。弩张柄不正，偏强偏弱而不和，其两洋之送矢也不壹，矢唯（虽）轻重得，前后适，犹不中〔招也〕……将之用心不和，……得，犹不胜敌也。矢轻重得，前〔后〕适，而弩张正，其送矢壹，发者非也，犹不中昭（招）也。卒轻重得，前……兵……犹不胜敌也。故曰：**弩之中谷（彀）合于四，兵有功……将也，卒也，**□也。故曰，**兵胜敌也，不异于弩之中召（招）也。此兵之道也。**

……所循以成道也。知其道者，兵有功，主有名。

11. 行篡

孙子曰：用兵移民之道，权衡也。权衡，所以篡（选）贤取良也。阴阳，所以冣众合敌也。正衡再累……暨（既）忠，是谓不穷。称乡县（悬）衡，虽其宜也。私公之财壹也，夫民有不足于寿而有余于货者，有不足于货而有余于寿者，唯明王、圣人智（知）之，故能留之。死者不毒，夺者不温（愠），此无穷……民皆尽力，近者弗则远者无能。货多则辨，辨则民不德其上。货少则□，□则天下以为尊。然则为民赇也，吾所以为赇也，此兵之久也。用兵之……

12. 杀士

孙子曰：明爵禄而……

……杀士则士……

……知之。知士可信，毋令人离之。必胜乃战，毋令人知之。当战毋忘（忘）旁毋……

……必审而行之，士死……

13. 延气

孙子曰：**合军聚众，〔务在激气。〕复徙合军，务在治兵利气。临竟（境）近敌，务在疠（厉）气。战日有期，务在断气。今日将战，务在沥（延）气。**……以威三军之士，所以敫（激）气也。将军令……其令，所以利气也。将军乃……短衣絜裘，以劝士志，所以厲（厉）气也。将军令，令军人人为三日粮，国人家为……〔所以〕断气也。将军召将卫人者而告之曰："饮食毋……〔所〕以沥（延）气……也〔也〕。

……营也。以易营之，众而贵武，敌必败。气不利则拙，拙则不及，不及则失利，失利……

……气不疠（厉）则聂（慑），聂（慑）则众□，众……

……而弗救，身死家残。将军召使而勉之，击……

14. 官一

孙子曰：凡处卒利陈（阵）体甲兵者，立官则以身宜，贱令以采章，乘削以伦物，序行以〔□〕□，制卒以周（州）闾，授正以乡曲，辩（辨）疑以旌舆，申令以金鼓，齐兵以从速，庵结以人雄，邋军以索陈（阵），茭肆以囚逆，陈师以危□，射战以云陈（阵），圉（御）裹以羸渭，取喙以阖□，即败以□，奔救以皮傅，燥战以错行。

用□以正□，用轻以正散，攻兼用行城，□地□□用方，迎陵而陈（阵）用封，险□□□用圜，交易武退用兵，□□陈（阵）临用方翼，氾战接厝用喙蓬，囚险解谷以□远，草驵沙荼以阳削，战胜而陈（阵）以奋国，而……为畏以山胠，秦怫以委施（逶迤），便罢以雁行，险厄以杂管，还退以蓬错，绕山林以曲次，袭国邑以水则，辩（辨）夜退以明简，夜敬（警）以传节，厝入内寇以棺士，遇短兵以必舆，火输积以车，陈（阵）刃以锥行，陈（阵）少卒以合杂。

合杂，所以圉（御）裹也。脩行连削，所以结陈（阵）也。云折重杂，所权趮也。猋凡振陈，所以乘疑也。隐匿谋詐（诈），所以钓战也。龙隋陈伏，所以山斗也。□□乖举，所以厌（压）津也。□□□卒，所以□□也。不意侍卒，所以昧战也。遏沟□陈，所以合少也。疏削明旗，所以疑敌也。剽（剽）陈（阵）辖车，所以从遗也。椎下移师，所以备强也。浮沮而翼，所以燧斗也。禅祐虆避，所以莠桑也。涧（简）练剽（剽）便，所以逆陈（阵）也。坚陈（阵）敦□，所以攻槥也。楑（揆）斷（断）藩薄，所以泫（眩）疑也。伪遗小亡，所以餽（饵）敌也。重害，所以茇□也。顺明到声，所以夜军也。佰奉离积，所以利胜也。刚者，所以圉（御）劫也。更者，所以过□也。□者，所以圉（御）□也。……者，所以厌□也。胡退□入，所以解困也。

……□令以金……

……云陈（阵）圉（御）裹……

……胠，秦怫以委施（逶迤），便罢……

……夜退以明简，夜敬（警）……

……舆，火输积以车，陈（阵）……

……龙隋陈（阵）……

……也。涧（简）练□便，所以逆……

……斷（断）藩薄，所以泫（眩）……

……所以餽（饵）敌也。重害，所……

……奉离积，所以利……

15. 强兵

威王问孙子曰："……齐之教寡人强兵者，皆不同道。……〔有〕

教寡人以正（政）教者，有教寡人以……〔有教〕寡人以散粮者，有教寡人以静者……之教□□行之教奚……〔孙子曰:〕“……皆非强兵之急者也。”威〔王〕……孙子曰：“富国。”威王曰：“富国……厚，威王、宣王以胜诸侯，至于……

将胜之，此齐之所以大败燕……

众乃知之，此齐之所以大败楚人反……

……大败赵……

……□人于齧桑而禽（擒）汜皋也。

……禽（擒）唐□也。

……禽（擒）□瞏……

图书在版编目（CIP）数据

博弈论与企业管理 / 禹海波，陈璇，李健编著. --北京：社会科学文献出版社，2022.10
ISBN 978 - 7 - 5228 - 0717 - 1

Ⅰ. ①博… Ⅱ. ①禹… ②陈… ③李… Ⅲ. ①博弈论 - 关系 - 企业管理 - 研究 Ⅳ. ①O225②F272

中国版本图书馆 CIP 数据核字（2022）第 172067 号

博弈论与企业管理

编　　著 / 禹海波　陈　璇　李　健

出 版 人 / 王利民
组稿编辑 / 恽　薇
责任编辑 / 陈凤玲　武广汉
责任印制 / 王京美

出　　版 / 社会科学文献出版社 · 经济与管理分社（010）59367226
地址：北京市北三环中路甲 29 号院华龙大厦　邮编：100029
网址：www. ssap. com. cn
发　　行 / 社会科学文献出版社（010）59367028
印　　装 / 三河市龙林印务有限公司

规　　格 / 开　本：787mm × 1092mm　1/16
印　张：15. 25　字　数：212 千字
版　　次 / 2022 年 10 月第 1 版　2022 年 10 月第 1 次印刷
书　　号 / ISBN 978 - 7 - 5228 - 0717 - 1
定　　价 / 89. 00 元

读者服务电话：4008918866

版权所有 翻印必究